东北地区玉米田杂草防控

——现状和未来

倪汉文　卢宗志　陶波　王宇　等编著

中国农业大学出版社

·北京·

内 容 简 介

本书共 5 章。第一章介绍了东北地区玉米生产现状及除草方式的变迁;第二章介绍了东北地区玉米田主要杂草种类及发生特点;第三章介绍了东北地区玉米田杂草化学防控技术;第四章介绍了东北地区玉米田难防杂草的防控建议/策略;第五章介绍了非转基因抗除草剂玉米在杂草防除中的应用与示范。

图书在版编目(CIP)数据

东北地区玉米田杂草防控 : 现状和未来 / 倪汉文等编著. —北京 : 中国农业大学出版社, 2018.4

ISBN 978-7-5655-2016-7

Ⅰ. ①东⋯　Ⅱ. ①倪⋯　Ⅲ. ①玉米-田间管理-杂草-防治-东北地区　Ⅳ. ①S451.1

中国版本图书馆 CIP 数据核字(2018)第 067724 号

书　　名	东北地区玉米田杂草防控——现状和未来		
作　　者	倪汉文　卢宗志　陶波　王宇　等编著		
策划编辑	田树君　童　云	责任编辑	田树君
封面设计	郑　川		
出版发行	中国农业大学出版社		
社　　址	北京市海淀区圆明园西路 2 号	邮政编码	100193
电　　话	发行部 010-62818525,8625	读者服务部	010-62732336
	编辑部 010-62732617,2618	出　版　部	010-62733440
网　　址	http://www.caupress.cn	E-mail	cbsszs@cau.edu.cn
经　　销	新华书店		
印　　刷	涿州市星河印刷有限公司		
版　　次	2018 年 4 月第 1 版　2018 年 4 月第 1 次印刷		
规　　格	787×1092　16 开本　6.25 印张　80 千字　插页 5		
定　　价	30.00 元		

图书如有质量问题本社发行部负责调换

本书由公益性行业（农业）科研专项"农田杂草防控技术研究与示范"（项目编号：201303022）资助

编著人员

倪汉文　中国农业大学

姜临建　中国农业大学

陶　波　东北农业大学

韩玉军　东北农业大学

卢宗志　吉林省农业科学院

王　宇　黑龙江省农业科学院

黄春艳　黑龙江省农业科学院

前　言

玉米是我国第一大粮食作物。2015年,东北及内蒙古地区玉米种植面积约为2.2亿亩(1亩=666.7 m²),产量约为1.3亿t,在我国玉米生产中占有举足轻重的地位。东北地区杂草种类多,发生面积广,生长快,因此,有效的杂草防控是保障玉米生产的前提。作为我国规模农业生产的代表性地区,东北地区长期以来依靠化学除草剂进行杂草防除。虽然化学除草取得了巨大成效,但也直接导致了东北地区杂草的演化,恶性杂草、难防杂草、抗性杂草等的发生日益普遍。

针对生产中的这些情况,在公益性行业(农业)科研专项"农田杂草防控技术研究与示范"(项目编号:201303022)资助下,中国农业大学、东北农业大学、黑龙江省农业科学院、吉林省农业科学院、黑龙江省农垦科学院等杂草研究人员,结合东北地区当地的实际情况,开展了长期的研究,形成了一些有效的防控技术体系,以供农技推广人员参考。此外,本书还介绍了非转基因抗除草剂玉米的情况,研究了其田间表现,并探讨了其应用前景。

本书共5章。第一章介绍了东北地区玉米生产现状及除草方式的变迁,由东北农业大学陶波和韩玉军老师编写;第二章介绍了东北地区玉米田主要杂草种类及发生特点,由黑龙江省农业科学院王宇和黄春艳老师编写;第三章介绍了东北地区玉米田杂草化学防控技术,由吉林省农业科学院卢宗志老师编写;第四章介绍了东北地区玉米田难防杂草的防控建议/策略,由东北农业大学陶波和韩玉军老师编写;第五章介绍了非转基因抗除草剂玉米在杂草防除中的应用与示范,由中国农业大学姜临建和倪汉文老师编写。

最后,由于编者水平有限,难免存在疏漏之处,恳请读者不吝批评指正。

编　者
2017 年 12 月

目　　录

第一章 东北地区玉米生产现状及除草方式的变迁

东北农业大学 陶波 韩玉军

第一节 东北地区玉米生产现状

玉米是中国重要的粮食作物,种植面积和总产量居世界的第 2 位。近些年,中国玉米生产发展迅速,2012 年已超过水稻成为第一大粮食作物。玉米总产量增加对全国粮食增产贡献率达到 45% 以上,位居各大粮食作物之首。尽管近几年中国玉米连年增产,但由于深加工和畜牧业需求上升,以及正在发展的生物燃料技术和生物燃料产业,中国玉米年进口量在不断增大,2012 年玉米进口量更是达到空前的 570 万 t。中国已从玉米出口国转变为进口国。今后一段时间内,中国玉米刚性需求还会增加,单产同世界其他农业发达国家相比仍处于中游水平,但未来中国播种面积扩大的可能性较小。为避免成为长期玉米进口大国,努力提高单产将是中国玉米未来生产发展的主要途径。东北地区是世界上三大著名玉米带之一。东北地区种植玉米最早记载是在 1682 年(辽宁),虽然东北种植玉米历史较短,但由于东北玉米区以松嫩平原为中心,地处著名的"黄金玉米带"及周边,自然条件优越,土壤肥沃,光、热、水资源丰富且时空分布合理,与玉米生育进程同步,玉米生产的资源成本系数较低,品质优良。因此,东北玉米区是国内的主要粮食生产基地,国家 76 个商品粮食基地县中东北占 38 个。玉米生产成为东北玉米区农业生产的支柱产业。玉米总产、单产、人均占有量、国家调出量、出口量连续十几年居全国第一位。几十年来东北玉米对全国粮食安全有着举足轻重的作用,对改善国民生活水平起到了巨大的推动作用。

20 世纪 50 年代(1949—1959 年)全国玉米种植面积 1 396.8 万 hm²,玉米总产量为 1 776.1 万 t;东北玉米区种植面积为 338.4 万 hm²,玉米产量为 540.8 万 t。随着玉米产业链条的不断延长,对玉米需求大增,玉米面积逐年扩大,2000—2004 年全国玉米平均总产量达到 11 750.4 万 t,东北地区玉米产量为 3 999.6 万 t。90 年代统计资料表明,吉林省玉米总产量位居全国第 1,平均总产量 1 539.8 万 t,黑龙江省玉米总产量位居全国第 3,平均总产量 1 165.1 万 t,而辽宁省和内蒙古自治区分别排在第 6 位和第 8 位,产量分别为 866.6 万 t 和 575.2 万 t。目前,全国种植面积达到 3 415 万 hm²,增长了 140.6%,玉米产量为 20 000 万 t,东北玉米区种植面积为 1 130.8 万 hm²,增加了 234.2 万 hm²,玉米产量为 8 773 万 t。

玉米消费主要有工业消费、饲用消费和口粮消费。从 1998—2012 年玉米消费统计数据来看,玉米口粮消费稳定在 90 万 t 左右,但口粮消费占有比例越来越小,从 1998 年的 7% 降到 2011 年的 3%;饲用消费年度间波动不大,但总体上呈增长趋势,1998 年为 735 万 t,到 2011 年达到 1 021 万 t,虽然饲用消费绝对数量增加,但相对比例大幅下降,由 1998 年的 58% 下降到 2012 年的 28%;2004 年国家相关政策为东北地区玉米就地转化增值创造了条件,工业消费从 2004 年开始迅速增长,工业消费比例从 1998 年的 35% 增加到 2012 年的 69%,成为玉米主要消费,2010 年达到一个高峰为 2 617 万 t,是 2004 年的 3 倍多,同时带动了总消费的增长。20 世纪 50～70 年代,玉米口粮消费为主要消费,全国各地都是呈自产自销状态。之后,随着水稻、小麦产量的增长,也随着人们经济条件的改善,对肉、蛋、奶需求增加,饲料消费不断增加,南方畜牧业发展较快,畜牧业的刚性需求带动玉米饲用需求量不断增加。80~90年代按照国家计划,每年有数百万吨玉米从东北各省区调出,呈现北粮南调状态。随着1993年国家粮食流通体制改革深化,南方销区逐步放开,东北、华北为供应主体,南方沿海和内陆省区为消费主体,呈现北粮南运格局。90年代后期,东北成为最大的调出区,每年可高达2 000万t以上,是中国最大的商品玉米集散地。2004年之后受国家政策引导,东北地区玉米加工业迅速发展起来,东北地区玉米的消费增加,外运减少。同时由于国内北粮南运,运输成本高,进口玉米在东南沿海具有价格优势,南方主销区的市场被进口玉米占领,东北毗邻俄罗斯、韩国、日本等玉米缺口较大国家,玉米出口市场有优势,全国玉米流通形成南进北出格局。

第二节　东北地区玉米种植方式

东北玉米田种植方式主要有3种,分别是轮作、连作以及轮作和连作交替这3种种植方式。连作是指连年在同一块田地上连续种植同一种作物的种植方式。在一定条件下采用连作,有利于充分利用一地的气候等自然资源,大量种植生态上适应且具有较高经济效益的作物。生产者通过连续种植,也较易掌握某一特定作物的栽培技术。但连作往往会造成多种弊害,如玉米田连作就会使杂草种类增加,多年生杂草加重,玉米田连作杂草主要有马唐、苋、香附子、鸭跖草、藜、苣荬菜和稗草等。轮作指在同一田块上有顺序地在季节间和年度间轮换种植不同作物或复种组合的种植方式。如一年一熟的大豆—小麦—玉米三年轮作,这是在年间进行的单一作物的轮作。在一年多熟条件下既有年间的轮作,也有年内的换茬。常见的轮作形式有禾谷类轮作、禾豆轮作、粮食和经济作物轮作、水旱轮作、草田轮作等。合理的轮作也是综合防除杂草的重要途径,因不同作物栽培过程中所运用的不同农业措施,使杂草群落发生改变,对田间香附子等多年生杂草有不同的抑制和防除作用。

第三节　东北地区玉米除草方式的变迁

广义的杂草定义是指生长在对人类活动不利或有害于生产场地的一切植物,狭义的杂草则是指能够长期自生自长在人为环境中任何非有目的栽培的草本植物。全世界现有杂草约5万种,农田杂草8 000多种。

早期玉米田防除杂草主要通过人工拔除、割刈、锄草等人工措施进行除草。人工除草时将草连根拔掉,除去草根时使玉米根部得到疏松,肥力吸收能力得到加强,更有利于新陈代谢。进行除草工作可以切断土壤毛细管,减少水分蒸发,起到保水作用,同时减少了杂草对玉米的遮挡,增强玉米的光合作用能力。

东北地区玉米田人工除草方式主要是进行三铲三趟,第一次铲趟于苗出齐后,玉米三叶期,结合间苗定苗进行,要深趟7～10 cm,不培土,以便晒根,提高地温,促进根系生长,有利"蹲苗",同时还可以减少下次趟地培土的阻力,避免起土块、松土少和不便培土。第二次铲趟宜在前次铲趟后的10～12 d进行,要深趟,培土不宜太多,成"张口垄"。第三次铲趟在玉米拔节时,在第二次铲趟后10～12 d进行,此时根系已深至行间,根的分枝正大量发生,趟地不宜太深,以免损伤根系,但要多培土,趟成"碰头垄",使支持根早期扎入土中,发挥其吸收水分、养分和支持植株、防倒伏的作用,第二、三次趟地要培土并留坐犁土。在铲第一、二遍地时,必须将苗眼和苗旁的杂草铲净,不留"围脖草",同时要注意不伤苗,不伤根,确保全苗。铲地时应做到:头遍浅、二遍深、三遍锄地不伤根,也就是两头浅、中间深、苗旁浅、行间深的原则。在中耕除草时,还要及时除掉分蘖,以免消耗营养,影响主茎生长。人工除草整体上为玉米在生长的旺盛期提供更好的环境、时间、空间及养分,并且人工中耕除草目标明确,操作方便,不留机械行走的位置,除草效果好,不但可以除掉行间杂草,而且可以除掉株间的杂草,但人工除草,无论是手工拔草,还是应用锄、犁、耙等锄草,都很费工费时,劳动强度大,除草效率低。在玉米作物生长的整个过程中,根据需要将进行多次中耕除草,除草时必须抓住有利时机除早、除小、除彻底,不得留下小草,以免引起后患。

随着科学的发展除草机械得到广泛的使用,我国自 20 世纪 60 年代开始研究苗间除草机械,70 年代机械苗间除草获得很大程度的发展。机械除草作业是旱作农业可持续发展的一项关键性生产技术,是采用各种农业机械,包括手工工具和动力工具进行除草。我国北方玉米田利用机械进行除草的方式是在播种前、出苗前利用耕、翻、耙、中耕松土等措施进行除草,这些除草措施能杀除已出土的杂草或将草籽深埋,或将地下茎翻出地面使之干死或冻死;随着玉米的生长利用滚刀式除草耙进行除草,其工作部件随着机器前进,带动刀轴转动,滚切刀外缘的刀刃切断草根,实现除草目的,除草效率高,消耗动力小;在玉米生长后期利用中耕除草机进行除草,中耕除草机是以小型通用耕作机机架为主框架,为了提高机具的杀草率,苗间除草采用垂直双圆盘除草部件,垄帮和垄沟分别选用单翼铲和双翼铲除草部件,从而保证了全面除草和松土。我国的除草机械工作部件有旋转锄式、弹齿式、垂直圆盘式、水平圆盘式、锥形圆盘式、链齿式、轻耙式等多种形式。其中,垂直双圆盘除草部件因具有结构合理和除草效果好等优点应用较广。如 SHM 型垂直双圆盘苗间除草机,可安装于龙江 1 号播种中耕机和联合播种机等机架上进行中耕除草等作业。然而国内的除草机大都为中耕除草机,工作部件多为单翼铲或者双翼铲,也有圆盘式的除草机,但是数量较少,而对于滚切式工作部件还是一片空白,国内还没有比较成熟的滚切式除草机械。

目前,化学防除已成为农业生产中最广泛应用的除草方法。我国玉米栽培中除草剂使用已基本普及,特别是在黑龙江省大部分地区已达到免除人工除草,即除草剂使用结合两次机械中耕的栽培方式,从而大大缓解了劳动力紧张的局面,达到了省力栽培的目的。玉米田除草剂的使用主要是单剂和混合制剂的使用,与此同时,一些开发的新品种也得到很好的利用。

一、单剂的使用

(一)芽前土壤处理品种

自 20 世纪 70 年代开始大面积应用莠去津以及甲草胺以来,玉米田土壤处理的除草剂品种向着高活性方向发展,目前甲草胺早已被乙草胺、异丙甲草胺所取代,而二甲戊乐灵、嗪草酮则有所发展,与此同时,莠去津与乙草胺以及各种防治禾本科杂草除草剂的混合制剂成为主流,在玉米生产中起着重要作用。

(二)苗后茎叶喷雾品种

玉米苗茎叶喷雾的除草剂品种近年来发展十分迅速,主要品种有烟嘧磺隆、砜嘧磺隆、甲基磺草酮、灭草松、溴苯腈等,其中以莠去津、甲基磺草酮与烟嘧磺隆为主的各种混合剂占统治地位;在各种除草剂品种中,烟嘧磺隆严重供大于求,面临着质量与价格的竞争。

二、混合制剂的推广与普及

通过混合制剂的应用可以扩大杀草谱,提高除草剂对作物的安全性及对环境的适应性,降低用量及土壤残留,延缓杂草抗性产生。如用于玉米的 PSⅡ与 HPPD 抑制除草剂茎叶喷雾混用的除草效果往往大于用单用,几乎对所有杂草均产生增效作用,其中重要的是高剂量PSⅡ抑制剂与高剂量甲基磺草酮在玉米苗后混用防治阔叶杂草最有效,二者混用的除草效果优于溴苯腈＋甲基磺草酮。

（一）玉米芽前土壤处理

芽前处理时,除草剂用量往往决定于土壤有机质及黏粒含量,除草效果受环境条件,特别是土壤湿度与温度的影响较大;较好的组合为:莠去津＋乙草胺(异丙甲草胺),莠去津＋二甲戊乐灵,莠去津＋甲基磺草酮,甲基磺草酮＋二甲戊乐灵(乙草胺)等。

（二）玉米苗后茎叶喷雾

茎叶喷雾受环境条件影响较小,除草效果比较稳定,是目前较多采用的使用方法,用于玉米田较好的混用组合有:砜嘧磺隆＋烟嘧磺隆＋莠去津,砜嘧磺隆＋烟嘧磺隆,砜嘧磺隆＋甲基磺草酮,甲基磺草酮＋莠去津,甲基磺草酮＋烟嘧磺隆,甲基磺草酮＋溴苯腈,唑嘧磺隆＋二氯吡啶酸等。其中以烟酸嘧磺隆与甲基磺草酮为主的混合制剂使用最为普遍。当前,随着除草剂品种的增多及使用技术的不断完善,玉米栽培已彻底免除人工除草之苦,达到省力、高产的目的。

第二章 东北地区玉米田主要杂草种类及发生特点

黑龙江省农业科学院植物保护研究所 王宇 黄春艳

第一节 东北地区玉米田主要杂草种类和发生特点

一、黑龙江省玉米田主要杂草和发生特点

黑龙江省各地玉米田杂草发生较为普遍。据调查,目前黑龙江省玉米田杂草约有 58 种,隶属于 18 科。主要杂草有稗草、绿狗尾草、金狗尾草、马唐、野黍、芦苇、反枝苋、大籽蒿、鸭跖草、香薷、蒙古蒿、大蓟、刺儿菜、苍耳、藜、小藜、铁苋菜、问荆、野西瓜苗、野糜子、野艾蒿、灰绿藜、绿珠藜、刺藜、酸模叶蓼、柳叶刺蓼、皱叶酸模、卷茎蓼、鼬瓣花、葎草、苘麻、龙葵、苣荬菜、荠菜、马齿苋、繁缕、垂梗繁缕、山苦荬、抱茎苦苣菜、扁蓄、水棘针、地肤、小花鬼针草、青蒿、打碗花、老鹳草、牻牛儿苗、狼杷草、小飞蓬、飞廉、三裂叶薯、车前、腺梗豨莶、萝藦、风花菜、冬葵、豚草、蒲公英等。

各地区优势杂草略有不同。东部地区优势杂草有稗草、藜、铁苋菜、香薷、狗尾草、苣荬菜、苍耳、问荆、反枝苋、鸭跖草等。南部地区优

势杂草有稗草、马唐、狗尾草、藜、铁苋菜、苣荬菜、本氏蓼、苍耳、反枝苋等。西部地区优势杂草有稗草、藜、反枝苋、本氏蓼、铁苋菜、狗尾草、金狗尾草、苣荬菜、苍耳、野西瓜苗、卷茎蓼等。北部地区地区优势杂草有稗草、藜、铁苋菜、香薷、卷茎蓼、苍耳、问荆、反枝苋、鸭跖草等。

杂草的发生和整地时间密切相关,黑龙江整地时间一般在 4 月中下旬,5 月初至 5 月末播种。南部地区杂草发生时间始于 4 月下旬至 5 月初,荠菜、苣荬菜、问荆等开始出土。5 月上中旬稗草、藜、苘麻、本氏蓼、苍耳等杂草出土。杂草发生盛期为 5 月下旬至 6 月中旬。5 月下旬为稗草、藜、苘麻、本氏蓼的发生盛期,6 月下旬降雨后稗草还会有一个小的发生高峰。反枝苋发生较晚,发生高峰在 6 月中旬。北部地区杂草发生要晚一些。

二、吉林省玉米田主要杂草和发生特点

据调查,目前吉林省玉米田杂草约有 41 种,分属 16 科。主要杂草有稗草、狗尾草、马唐、芦苇、野黍、豚草、苣荬菜、山苦菜、苍耳、蒲公英、小蓟、黄花蒿、猪毛蒿、藜、小藜、猪毛菜、酸模叶蓼、皱叶酸模、巴天酸模、卷茎蓼、本氏蓼、扁蓄、苘麻、野西瓜苗、香薷、水棘针、荠菜、风花菜、反枝苋、凹头苋、萝藦、田旋花、打碗花、铁苋菜、鸭跖草、问荆、葎草、车前、野糜子、地肤、蒺藜草、腺梗豨莶、薤白等。

各自然生态区优势杂草有所不同。东部山区、半山区危害较严重的杂草有本氏蓼、藜、苣荬菜、马唐、鸭跖草、苘麻、反枝苋、水棘针、铁苋菜、稗草、狗尾草和苍耳等,这些杂草成为东部山区、半山区的优势与亚优势杂草。中部平原区危害较严重的杂草有稗草、苣荬菜、小蓟、苘麻、酸模叶蓼、反枝苋、本氏蓼、藜、铁苋菜、狗尾草等,这些杂草成为中部平原区的优势与亚优势杂草。西部半干旱区危害较严重的杂草有苣荬菜、马唐、小蓟、本氏蓼、稗草、藜、反枝苋、苘麻、山苦菜、狗尾草

和芦苇等,这些杂草成为该地区的优势与亚优势杂草。

吉林省杂草发生时较黑龙江省早5～10 d,中部平原、西部半干旱区4月中旬苣荬菜、猪毛蒿等杂草开始出土,东部半山区要5月初开始出土。大部分杂草与作物的生长发育时期基本一致。在作物生长初期(即5月中旬至6月上旬)为稗草和狗尾草的发生盛期;马唐的发生期略晚,为5月下旬至6月中旬,高峰集中在6月上旬;本氏蓼、藜发生盛期均集中在5月中旬;反枝苋、苘麻、龙葵发生盛期在5月中旬至6月上旬,高峰集中在5月中旬,与狗尾草、稗草相同;铁苋菜、马齿苋发生期最晚,为5月下旬至6月中旬,高峰期集中在5月下旬。

三、辽宁省玉米田主要杂草和发生特点

根据调查,辽宁地区玉米田常见杂草有约35种,分属19科。主要杂草有稗草、狗尾草、芦苇、马唐、牛筋草、薤白、香薷、地锦、铁苋菜、田皂角、苘麻、野西瓜苗、抱茎苦苣菜、苦苣菜、苍耳、小蓟、大籽蒿、苣荬菜、泥胡菜、豚草、阴地蒿、藜、红蓼、皱叶酸模、萝藦、马齿苋、问荆、龙葵、葎草、碎米莎草、荠菜、反枝苋、凹头苋、打碗花、鸭跖草等。出现频度较高的杂草有稗草、苘麻、藜、鸭跖草、马唐、红蓼、反枝苋、铁苋菜。密度较大的杂草有藜、鸭跖草、苘麻、稗草、红蓼、反枝苋。前10位相对多度由高至低的杂草依次为藜、鸭跖草、稗草、苘麻、反枝苋、红蓼、马唐、铁苋菜、马齿苋、苦荬菜。

各地区玉米田的优势杂草有所不同。抚顺地区,以鸭跖草、牛筋草、马唐、铁苋菜、苦荬菜和苘麻为主要优势杂草。辽阳、鞍山、熊岳地区以藜、铁苋菜、反枝苋、马齿苋、稗草和苘麻为主要优势杂草。锦州地区以鸭跖草、反枝苋、藜、马齿苋、铁苋菜、问荆为主要优势杂草。铁岭地区以鸭跖草、藜、稗草、苘麻、苍耳、香薷、马唐和问荆为主要优势杂草。沈阳地区则以稗草、鸭跖草、藜、苘麻、本氏蓼为主要优势杂草。

辽宁旱田杂草的发生时间较黑龙江省早10～15 d,发生规律较为相似。

第二节　东北地区玉米田主要杂草生物学特性

一、禾本科(Gramineae)

(一)稗草[学名:稗 *Echinochloa crus-galli*(L.)Beauv.
　　别名:稗子]

1.形态特征

一年生草本,高50～130 cm。直立或基部膝曲,叶鞘疏松裹茎,叶片表面粗糙,背面平滑,叶脉有细刺,叶片中脉明显,灰白色,与叶鞘交接处光滑无毛,无叶舌和叶耳。圆锥形总状花序,较开展,直立或微弯,常具斜上或贴生分枝,小枝再生侧枝。小穗密集于生于穗轴的一侧,有芒或无芒,小穗含2花,下花不育,上花结实;颖卵圆形,长约5 mm,有硬疣毛,颖具3～5脉;第1外稃具5～7脉,先端常有0.5～3 cm长的芒;第2外稃先端有尖头,粗糙,边缘卷抱内稃。颖果卵形,米黄色。

幼苗胚芽鞘膜质,长6～8 mm;第1叶条形,长1～2 cm,自第2叶开始渐长,全体光滑无毛。

2.生物学特性

种子繁殖。春季气温达10℃以上时种子开始萌发,最适宜温度为20～30℃。适宜的出苗深度为1～5 cm,以1～2 cm土层出苗率最高。埋入土壤深层未发芽的种子可存活10年以上。稗草对土壤含水量要求不严,耐湿能力特强。发生期早晚不一,正常出苗的植株,大致7月上旬抽穗、开花,8月初种子即可成熟。

稗草的生命力和繁殖力极强,不仅正常生长的植株大量结籽,就是前期、中期地上部分被割去之后,还可萌发新蘖,即使长得很小也能抽穗结实。其种子具有多种传播途径与特点,一是同一个穗上的颖果成熟时期极不一致,而且边成熟边脱落,本能地协调时差,使后代得以较多的生存机会;二是可借风力、水流扩散;三是可随收获作物混入粮谷中带走;四是可经过草食动物吞入排出而转移。

(二)绿狗尾草[学名:狗尾草 *Setaria viridis*(L.)Beauv.

别名:谷莠子、莠]

1. 形态特征

一年生草本,成株高 30～100 cm。秆疏丛生,直立或基部膝曲上升,基部偶有分枝。叶鞘较松弛光滑,鞘口有柔毛;叶舌退化成一圈 1～2 mm 长的柔毛,叶片条状披针形,顶端渐尖,基部圆形,长 6～20 cm,宽 2～18 mm。圆锥花序紧密,呈圆柱状,长 2～10 cm,直立或微弯曲;刚毛绿色或变紫色;小穗椭圆形,长 2～2.5 mm,2 至数枚簇生,成熟后与刚毛分离而脱落;第 1 颖卵形,约为小穗的 1/3,第 2 颖与小穗近等长;第 1 外稃与小穗等长,具 5～7 脉,内稃狭窄。谷粒椭圆形,先端钝,具细点状皱纹。

幼苗鲜绿色,基部紫红色,除叶鞘边缘具长柔毛外,其他部位无毛;第 1 叶长 8～10 mm,自第 2 叶渐长。

2. 生物学特性

种子繁殖。种子发芽适宜温度为 15～30℃,在 10℃ 时也能发芽,但出苗缓慢,且出苗率低。适宜的出苗深度为 2～5 cm,埋在深层未发芽的种子可存活 10～15 年。对土壤水分和地力要求不高,相当耐旱耐瘠薄。

东北地区,4～5 月初出苗,5 月中下旬形成高峰,以后随降雨和灌水还会出现 1～2 个小峰。早苗 6 月初抽穗开花,7～9 月颖果陆续成熟,并脱离刚毛落地或混杂于收获物中,还可借风力、流水和动物传播扩散。种子需经冬眠后才能萌发。

(三)金狗尾草[学名:金色狗尾草 *Setaria glauca* (L.)Beauv.]

1.形态特征

一年生草本,成株高 20～90 cm,茎秆直立或基部倾斜地面,并于节外生根。叶鞘光滑无毛,叶片条形,两面光滑,基部疏生白色长毛。圆锥花序紧密,通常直立,刚毛金黄色或稍带褐色。小穗椭圆形,先端尖,通常在一簇中仅一个发育。第1颖长约为小穗的1/3,第二颖长约为小穗的1/2,有 5～7 脉。第1外稃与小穗等长,具 5 脉,内稃膜质,与外稃近等长。颖果椭圆形,背部隆起,黄绿至黑褐色,有明显的横纹。

幼苗胚芽鞘顶端紫红色,叶片绿色,基部有稀疏长纤毛,叶鞘黄绿色,无毛。叶舌为长约 1 mm 的一圈柔毛。

2.生物学特性

种子繁殖,在东北地区生长期为 5～9 月。

(四)马唐[学名:马唐 *Digitaria sanguinalis* (L.) Scop.
别名:抓地草、须草]

1.形态特征

一年生草本,成株高 40～100 cm。茎秆基部展开或倾斜,丛生,着地后节部易生根,或具分枝,光滑无毛。叶鞘大都短于节间,疏生疣基软毛。叶舌膜质,先端钝圆,叶片条状披针形,两面疏生软毛或无毛。总状花序 3～10 枚,指状排列或下部近于轮生;小穗披针形,通常孪生,一穗有柄,一穗近无柄;第1颖微小,第2颖长约为小穗的1/2或稍短,边缘有纤毛;第1外稃与小穗等长,具 5～7 脉,脉间距离不均,无毛;第2外稃边缘膜质,覆盖内稃。颖果椭圆形,有光泽。

幼苗暗绿色,全体被毛,第1叶 6～8 mm,常带暗紫色,自第2叶渐长。5～6 叶后开始分蘖,分蘖数常因环境差异而不等。

2. 生物学特性

种子繁殖。种子发芽适宜温度为 25～35℃，因此多在初夏发生。适宜的出苗深度为 1～6 cm，以 1～3 cm 发芽率最高。

在东北地区，马唐的发生期稍晚，是进入雨季后田间发生的主要杂草之一，6 月初开始出苗，6 月中旬达出苗高峰，7 月开始抽穗开花，8～10 月颖果陆续成熟，随成熟随脱落，可借风、水流和动物传播。

（五）野黍［学名：野黍 *Eriochloa villosa* (**Thunb.**) **Kunth** 别名：拉拉草、唤猪草］

1. 形态特征

一年生草本，成株高 30～100 cm，茎基部常膝曲，丛生或基部斜伸，茎秆直立。叶鞘疏松抱茎，比节间短，无毛或被微毛，节具髭毛。叶舌短小，具纤毛；叶片条状披针形。总状花序，分枝少数，小穗具短梗，排列于分枝的一侧，穗轴和分枝密生白色细软毛。小穗含 1 两性小花，卵形单生，成二行排列于穗轴的一侧，每小穗有颖果 1 枚，第 1 颖缺，第 2 颖和第 1 外稃膜质，与小穗近等长，无芒。颖果卵状椭圆形，长约 5 mm，黄绿色，表面有细条纹。谷粒以腹面对向穗轴，基部具珠状基盘。

幼苗胚芽鞘膜质，浅褐色，长约 2 mm。第 1 片叶呈椭圆形，长约 1.7 cm，宽 0.5 cm，先端急尖，叶缘有睫毛，无叶舌，叶鞘淡红色。第 2～3 片叶片宽披针形，背面及叶鞘密被白色柔毛。分蘖数常因环境差异而不等。

2. 生物学特性

种子繁殖。喜生中性或微酸性土壤，在东北地区生长期 5～9 月，颖果随成熟随脱落，可借风、水流和动物传播。

（六）芦苇［学名：芦苇 *Phragmites communis* **Trin**. 别名：苇子、芦］

1. 形态特征

多年生草本，成株高 1～3 m，具长而粗壮的地下匍匐根状茎。茎秆直立,茎节明显,节下常生有白粉。叶鞘无毛或具细毛,叶舌有毛。叶长 15~45 cm,宽 1~3.5 cm,叶片表面粗涩,质地坚韧,无毛或具细毛;叶片长线形或长披针形,排列成两行。圆锥花序顶生,粗大而疏散,分枝多而稠密,稍下垂,淡灰色至褐色,下部枝腋间具白柔毛;花序长 10~40 cm,每小穗含 4~7 朵小花,第一小花常为雄性,具丝状长柔毛,其余小花为两性;小穗第一颖短小,颖具 3 脉,第 2 颖稍长 6~11 mm;第 2 外稃先端长而渐尖,基盘具 6~12 mm 长的丝状柔毛;内稃长约 4 mm,脊背粗糙。颖果长椭圆形,长约 2 mm,暗灰色。

幼苗胚芽鞘约 3 mm 长。初生叶狭披针形,无毛,叶舌膜质。

2.生物学特性

种子和根茎繁殖。在东北地区生长期为 5~9 月,夏秋开花。芦苇适应性强,喜生于水湿地或浅水中,也可生于旱地。

二、菊科(Compositae)

(七)苍耳[学名:苍耳 *Xanthium sibiricum* Patrin. 别名:苍子、老苍子]

1.形态特征

一年生草本,成株高 30~150 cm。茎直立,粗壮,茎上部分枝,有钝棱及长条状斑点。叶互生,具长柄,叶片三角状卵形或心形,先端锐尖或稍钝,基部近心形或戟形,叶缘浅裂或有齿,两面均被贴生的糙伏毛。头状花序腋生或顶生,花单性;雌雄同株;雄花序球形,淡黄绿色,密生柔毛,集生于花轴顶端。雌花 1~2 朵着生于下部,椭圆形,外层总苞片小,披针形;内层总苞片结合成囊状,外生钩状刺和短毛,先端具两喙,内含 2 花,无花瓣,花柱分枝丝状。瘦果包于坚硬的总苞中,种子长椭圆形,种皮深灰色膜质。

幼苗粗壮,子叶出土,下胚轴发达,紫红色;子叶 2 片,阔披针形,肉质肥厚,光滑无毛,基部抱茎;初生叶 2 片,卵形,基出 3 脉明显。

2. 生物学特性

种子繁殖。种子生活力强,发芽适宜温度为 15～20℃,适宜出苗深度为 3～5 cm,最深限于 13 cm。

在东北地区,4～5 月出苗,7～9 月开花结果,8～9 月果实渐次成熟,随熟随落,种子落入土中或以钩刺附着于其他物体传播。种子经越冬休眠后萌发。

(八)刺儿菜[学名:刺儿菜 *Cephalanoplos segetum*(Bunge) Kitam. 别名:小蓟、刺菜]

1. 形态特征

多年生草本,地下有直根,并具有水平生长产生不定芽的根状茎。成株高 20～50 cm。茎直立,幼茎被白色蛛丝状毛,有棱。单叶互生,无柄,缘具刺状齿,基生叶叶片较大,并早落;下部和中部叶椭圆状披针形,两面被白色蛛丝状毛,幼叶尤为明显,中、上部叶有时羽状浅裂。雌雄异株,头状花序单生于茎顶,花单性;雄花序较小,总苞长约 18 mm,花冠长 17～20 mm;雌花序较大,总苞长约 23 mm,花冠长约 26 mm;总苞钟形,苞片多层,先端均有刺;花冠筒状,淡粉色或紫红色。瘦果长椭圆形或长卵形,略扁,表面浅黄色至褐色,羽状冠毛污白色。

幼苗子叶出土,子叶阔椭圆形,稍歪斜,全缘,基部楔形。下胚轴发达,上胚轴不发育。初生叶 1 片,椭圆形,缘具齿状刺毛。

2. 生物学特性

以根芽繁殖为主,种子繁殖为辅。根芽在生长季节内随时都可萌发,而且地上部分被除掉或根茎被切断,则能再生新株。

在东北部地区,最早可于 4 月下旬出苗,6～9 月开花结果,7～10 月果实渐次成熟,种子借风力飞散。实生苗当年只进行营养生长,第 2 年才能抽茎开花。

(九)苣荬菜[学名:苣荬菜 *Sonchus brachyotus* DC.别名:甜苣菜,曲荬菜]

1. 形态特征

多年生草本,具地下横走根状茎,成株高 30～100 cm,全体含乳汁。茎直立,上部分枝或不分枝。基生叶丛生、有柄;茎生叶互生、无柄,基部抱茎;叶片长圆状披针形或宽披针形,边缘有稀疏缺刻或羽状浅裂,缺刻或裂片上有尖齿,两面无毛,绿色或蓝绿色,幼时常带紫红色,中脉白色,宽而明显。头状花序顶生,花序梗与总苞均被白色绵毛;总苞钟形,苞片 2～4 层,外层短于内层,舌状花鲜黄色。瘦果长四棱形,弯或直,4 条纵棱明显,每面还有 2 条纵向棱线,浅棕黄色,无光泽,两端均为截形,冠毛白色,易脱落。

幼苗子叶出土,子叶阔卵形,绿色;先端微凹,全缘,基部圆形,具短柄,下胚轴很发达,上胚轴亦发达,带紫红色。初生叶 1 片,阔卵形,缘有疏细齿,具长柄。无毛,紫红色。第 1 后生叶与初生叶相似,第 2、3 后生叶为倒卵形,缘具刺状齿,两面密布串珠毛。

2. 生物学特性

以根茎繁殖为主,种子也能繁殖。根茎多分布在 5～20 cm 的土层中,最深可达 80 cm,质脆易断,每个有根芽的断体都能发出新植株,耕作或除草更能促进其萌发。

在东北部地区,4～5 月出苗,6～9 月开花结果,7 月以后果实渐次成熟。种子随风飞散,秋季或经越冬萌发。实生苗当年只进行营养生长,第 2 年以后抽茎开花。

三、藜科(Chenopodiaceae)

(十)藜[学名:藜 *Chenopodium album* L.别名:灰菜]

1. 形态特征

一年生草本,成株高 30～120 cm。茎直立,有棱和纵条纹,多分枝,上升或开展。叶互生,具长柄;基部叶片较大,多呈菱状或三角状卵形,边缘有不整齐的浅裂齿;上部叶片较窄,全缘或有微齿,叶背均有灰绿色粉粒。花序圆锥状,由多数花簇聚合而成;花两性,花被黄绿色或绿色,被片5枚。胞果完全包于被内或顶端稍露;种子双凸镜形,深褐色或黑色,有光泽。

幼苗下胚轴发达,子叶肉质,近条形或披针形,具柄,先端钝,略带紫色,叶片背面有白粉。初生叶2片、长卵形,主脉明显,叶片背面多呈紫红色、具白粉。上下胚轴均较发达,紫红色。后生叶互生,叶形变化较大,呈三角状卵形、全缘或有钝齿。

2.生物学特性

种子繁殖。种子发芽的最低温度为10℃,最适温度为20~30℃,最高温度40℃;适宜出苗深度在4 cm以内。

在东北地区,4~5月出苗,7~9月开花、结果,随后果实渐次成熟。种子落地或借外力传播。

(十一)灰绿藜[学名:灰绿藜 _Chenopodium glaucum_ L. 别名:翻白藜]

1.形态特征

一年生草本,成株高10~35 cm。茎自基部分枝,平卧或上升,有绿色或紫红色条纹。叶互生,长圆状卵形至披针形,边缘有波状齿或近全缘,叶面深绿色,叶背灰白色或淡紫色,密生粉粒。花序穗状或复穗状;花两性或雌性;花被片3~4枚。胞果扁圆形伸出花被外;种子扁圆形,红褐色至暗黑色。

幼苗下胚轴紫红色,全体光滑无毛;子叶狭披针形,较肥厚,具叶柄;初生叶1片,三角状卵形,全缘,叶背有粉粒。

2.生物学特性

种子繁殖。种子发芽的最低温度为5℃,最适温度为15~30℃,最高温度40℃;适宜出苗深度在3 cm以内。

在东北地区,4～5月出苗,7～9月开花、结果,随后果实渐次成熟。种子入土经越冬后萌发。

四、蓼科(Polygonaceae)

(十二)本氏蓼[学名:本氏蓼 *Polygonum bungeanum* Turcz. 别名:柳叶刺蓼]

1.形态特征

一年生草本,成株高 30～80 cm。茎直立,多分枝,具倒生刺钩。叶互生,有短柄;叶片披针形或宽披针形,全缘,边缘有缘毛;托叶鞘筒状,膜质,先端截形,边缘有睫毛。由数个花穗组成圆锥状花序,顶生或腋生,花被白色或淡红色,5深裂。瘦果近圆形,侧扁,两面稍凸出,黑色。

幼苗子叶出土,下胚轴很发达,上胚轴不明显。子叶长卵形,先端锐尖,基部阔楔形,具短柄,托叶鞘膜质;后生叶卵形或椭圆形,其他与初生叶相似。幼苗全株密被紫红色乳头状腺毛。

2.生物学特性

种子繁殖。种子发芽的适宜温度为 15～20℃,适宜出苗深度为 5 cm 以内。

在东北地区,4～5月出苗,7～8月开花结果,8月以后果实渐次成熟。种子经越冬休眠后萌发。

(十三)卷茎蓼[学名:卷茎蓼 *Polygonum convolvulus* L. 别名:荞麦蔓]

1.形态特征

一年生蔓性草本,长 1 m 以上。茎缠绕,细弱,有不明显的条棱,粗糙或疏生柔毛。叶具长柄,互生;叶片卵形,先端渐长,基部宽心形,全缘,无毛或沿叶脉和边缘疏生短毛,托叶鞘短,斜截形,先端尖或钝圆。花序疏散穗状;花少数,簇集于叶腋,花梗较短;花被淡绿色,5 深裂,裂片在果期稍增大,有凸起的肋或狭翅。瘦果卵形,有 3 棱,黑褐色。

幼苗子叶出土,子叶长椭圆形,具短柄;下胚轴发达,表面密生极细的刺状毛,淡红色;初生叶片卵形,基部宽心形,具长柄,缘微波状,基部有一白色膜质的托叶鞘。

2. 生物学特性

种子繁殖。种子春季萌发,发芽适宜温度为 15～20℃,适宜出苗深度在 6 cm 以内。埋入深土层的未发芽种子可存活 5～6 年。

在东北地区,卷茎蓼 4～5 月出苗,6～8 月开花结果,7 月以后果实渐次成熟。种子常混杂于收获物中传播,经越冬休眠后萌发。

五、苋科(Amaranthaceae)

(十四)反枝苋[学名:反枝苋 *Amaranthus retroflexus* L. 别名:苋菜、苋]

1. 形态特征

一年生草本,成株高 20～120 cm。茎直立,粗壮,上部分枝,绿色,有时有淡红色条纹,稍显钝棱,密生短柔毛。叶具长柄互生,叶片菱状卵形,先端微凸或微凹,具小芒尖,边缘略显波状,叶脉突出,两面和边缘具有柔毛,叶背灰绿色。花序圆锥状顶生或腋生,花簇多刺毛;苞叶和小苞叶干膜质;花被白色,被片 5 枚,各有 1 条淡绿色中脉。果扁球形,包裹在宿存的花被内,开裂。种子倒卵形至圆形,长约 1 mm,左右压扁,中间凸起,黑色有光泽。

幼苗下胚轴发达,紫红色,上胚轴有毛;子叶长椭圆形,长近 1 cm,表面光滑,背面紫红色;初生叶 1 片,卵形,全缘,先端微凹。

2. 生物学特性

种子繁殖。种子发芽适宜温度为 15～30℃,适宜出苗深度为 5 cm

以内。在我国东北部地区,5 月出苗,7～9 月开花结果,7 月以后种子渐次成熟落地或借助外力传播扩散。

六、唇形科(Labiatae)

(十五)香薷[学名:香薷 *Elsholtzia ciliata*(Thunb.)Hyland 别名:野苏子、臭荆芥、野苏麻]

1.形态特征

一年生草本,成株高 30～50 cm,具有特殊香味。茎四棱形直立,上部多分枝,有倒向疏柔毛。叶具柄对生,叶片椭圆状披针形,边缘具钝齿,两面均有毛,背面密生橙色腺点。花序轮伞形,由多花偏向一侧组成顶生假穗状;苞片宽卵圆形,先端针芒状,具睫毛;花萼钟状,具 5 齿;花冠淡紫色,略呈唇形,上唇直立,先端微凹,下唇 3 裂,中裂片半圆形。小坚果长圆形或倒卵形,黄褐色,光滑,长约 1 mm。

幼苗除子叶外全株被短毛。子叶近圆形,有长柄,主脉明显。上、下胚轴发达,初生叶 2 片,卵形,叶边缘有波状锯齿,叶片手捻有芳香气味。

2.生物学特性

种子繁殖。在东北地区 5～6 月出苗,7～8 月开花,8～9 月果实成熟。

(十六)鼬瓣花[学名:鼬瓣花 *Galeopsis bifida* Boenn. 别名:二裂鼬瓣花、裂边鼬瓣花]

1.形态特征

一年生草本,成株高 20～60 cm,个别的可高达 100 cm。茎直立粗壮,钝四棱形,被倒生刚毛,上部多分枝。叶对生,具柄;叶片卵圆形至卵状披针形,边缘有粗钝锯齿。轮伞花序腋生,紧密排列于茎顶及分枝顶端,小苞片条形或披针形,被长睫毛,花萼管状钟形,具 5 齿;花冠粉红色或淡紫红色,唇形,上唇先端具不等长数齿,下唇 3 裂,在两侧裂片与中裂片相交处有齿状突起。小坚果倒卵状三棱形,褐色,有秕鳞。

幼苗子叶倒卵形,表面光滑。初生叶 2 片,卵形,边缘有波状锯齿,叶脉清晰。全株除子叶外具短毛。

2. 生物学特性

种子繁殖。在东北地区,5～6 月出苗,7～8 月现蕾开花,8 月果实渐次成熟落地,经越冬休眠后萌发。土壤深层未发芽的种子可存活1～2 年。

(十七)水棘针[学名:水棘针 *Amethystea caerulea* L.别名:蓝萼草]

1. 形态特征

一年生草本,成株高 30～100 cm。茎直立粗壮,四棱形,分枝呈圆锥形,被疏微柔毛。叶对生,具柄,柄上有狭翅;叶片 3 深裂,稀 5 裂或不裂,裂片披针形,边缘有齿,两面无毛。花序小聚伞排列成疏松的圆锥状;花萼钟状,具 5 齿;花冠淡蓝色或淡紫色,唇形,上唇 2 裂,下唇 3裂,下唇中裂片最大。小坚果倒卵状三棱形,褐色,具网纹,果脐大。

幼苗子叶阔卵形,先端钝圆,叶基圆形,具短柄;上、下胚轴均发达,具短柔毛;初生叶对生,卵形,先端锐尖,叶基阔楔形,叶缘具粗锯齿,具短柄;后生叶为 3 全裂,其他与初生叶相似。

2. 生物学特性

种子繁殖。在东北地区,5～6 月出苗,7～8 月现蕾开花,8～9 月果实成熟。种子边熟边落入土中休眠待发或混杂于收获物中传播。

七、大戟科(Euphorbiaceae)

(十八)铁苋菜[学名:铁苋菜 *Acalypha australis* L.别名:海蚌含珠]

1. 形态特征

一年生草本,成株高 30～60 cm。茎直立,有分枝。叶互生,具长柄,叶片卵圆形或卵状披针形,先端渐尖,基部楔形,基出三脉明显,边缘有钝齿,茎与叶上均被柔毛。穗状花序腋生,花单性,雌雄同株且同序;雌花位于花序下部,生于叶状苞片内,雄花序较短,位于雌花序上部,萼4裂,紫红色。蒴果钝三角形,有毛,种子倒卵圆形,常有白膜质状蜡层。

幼苗子叶出土,淡紫红色,子叶长圆形,先端平截,基部近圆形,三出脉,具长柄,上、下胚轴均发达,上胚轴密被斜垂弯生毛,下胚轴密被斜垂直生毛。初生叶2片,对生,卵形,先端锐尖,叶缘钝齿状,基部近圆形,密生短柔毛,具长柄。

2.生物学特性

种子繁殖。喜湿,地温稳定在10～16℃时萌发出土。在我国东北地区,4～5月出苗,6～7月也常有出苗高峰,7～8月陆续开花结果,8～9月果实渐次成熟。种子边熟边落,可借风力、流水向外传播,亦可混杂于收获物中扩散,经冬季休眠后萌发。

八、锦葵科(Malvaceae)

(十九)苘麻[学名:苘麻 *Abutilon theophrasti* Medic.
别名:青麻、白麻]

1.形态特征

一年生草本,成株高1～2 m。茎直立,圆柱形,有柔毛,上部有分枝。叶互生,具长柄,叶片圆心形,先端尖,基部心形,两面密生星状柔毛,边缘有粗细不等的锯齿,掌状叶脉3～7条。花具梗,单生于叶腋,花萼杯状,5裂,花瓣鲜黄色,5枚。蒴果半球形,分果瓣15～20个,具喙,轮状排列,有粗毛,先端有2长芒。种子肾状,有瘤状突起,灰褐色。

幼苗全体被柔毛,下胚轴发达;子叶心形,具长叶柄,先端钝,基部心形。初生叶1片、卵圆形,先端钝尖,基部心形,叶缘有钝齿,叶脉明显。

2.生物学特性

种子繁殖。在我国东北地区,4~5月出苗,6~8月开花,果期8~9月,种子随熟随落,晚秋全株死亡。

(二十)野西瓜苗[学名:野西瓜苗 *Hibiscus trionum* L.
别名:香铃草]

1.形态特征

一年生草本,成株高30~60 cm。茎直立,多分枝,基部的分枝常铺散,具白色星状粗毛。叶互生,具长柄;叶片掌状,3~5全裂或深裂,裂片呈倒卵形羽状再分裂,两面有星状粗刺毛,花单生于叶腋;小苞片12枚,条形;花萼钟状,5裂,膜质,有绿色条棱,棱上有紫色疣状突起;花瓣白色或淡黄色,内面基部紫色,5枚。蒴长圆球形;种子肾形,有瘤状突起,灰褐色或黑色。

幼苗子叶宽卵形或近圆形,有柄。初生叶1片,半圆形或近方形,叶缘有钝齿,有柄,有毛。次生叶形状不一,3浅裂或深裂。

2.生物学特性

种子繁殖。在东北地区,4~5月出苗,7~8月开花结果,8月以后果实渐次成熟。全株干枯后种子脱落,经越冬休眠后萌发。

九、马齿苋科(Portulacaceae)

(二十一)马齿苋[学名:马齿苋 *Portulaca oleracea* L.
别名:马齿菜、马蛇子菜、马菜]

1.形态特征

一年生肉质草本,全体光滑无毛。茎自基部分枝,平卧或先端斜上。叶互生或假对生,柄极短或近无柄;叶片倒卵形或楔状长圆形,全缘。花3~5朵簇生枝顶,无梗;苞片4~5枚膜质;萼片2枚;花瓣黄色,5枚。蒴果圆锥形,盖裂;种子肾状扁卵形,黑褐色,有小疣状突起。

幼苗紫红色,下胚轴较发达,子叶长圆形;初生叶 2 片,倒卵形,全缘。全株无毛。

2.生物学特性

种子繁殖。种子发芽的适宜温度为 20～30℃,属喜温植物。适宜出苗深度在 3 cm 以内。马齿苋生命力极强,被铲掉的植株曝晒数日不死,植株断体在一定条件下可生根成活。

马齿苋发生时期较长,春夏均有幼苗发生。在我国东北部地区,5 月出现第 1 次出苗高峰,8～9 月出现第 2 次出苗高峰,5～9 月陆续开花,6 月果实开始渐次成熟散落。

十、木贼科(Equisetaceas)

(二十二)问荆[学名:问荆 *Equisetum arvense* L.别名:节(接)骨草、笔头草]

1.形态特征

多年生草本,具发达根茎,根茎长而横走,入土深 1～2 m,并常具小球茎。地上茎直立,软草质,二型;营养茎在孢子茎枯萎后在同一根茎上生出,高 15～60 cm,有轮生分枝,单一或再生,中实绿色,具棱脊 6～15 条,表面粗糙,叶退化成鞘,鞘齿披针形,黑褐色,边缘灰白色,厚草质,不脱落;孢子茎早春先发,高 5～30 cm,肉质粗壮,单一,笔直生长,浅褐色或黄白色,具棕褐色膜质筒状叶鞘。孢子囊穗状顶生,椭圆形,钝头;孢子叶盾状,下面生 6～8 个孢子囊,孢子异型,孢子成熟后孢子茎即枯萎。

2.生物学特性

以根茎繁殖为主,孢子也能繁殖。在我国东北地区,4～5 月生出孢子茎,孢子迅速成熟后随风飞散,不久孢子茎枯死;5 月中下旬生出营养茎,9 月营养茎死亡。

十一、茄科(Solanaceae)

(二十三)龙葵[学名:龙葵 *Solanum nigrum* L.别名:野茄秧、苦葵、黑星星、黑油油]

1.形态特征

一年生草本,高 30～100 cm。茎直立,多分枝,无毛,叶互生,具长柄;叶片卵形,全缘或有不规则的波状粗齿,两面光滑或有疏短柔毛。花序聚伞形短蝎尾状,腋外生,有花 4～10 朵,花梗下垂;花萼杯状,5裂;花冠白色,辐状,5 裂,裂片卵状三角形。浆果球形,成熟时黑紫色;种子近卵形,扁平。

幼苗全体有毛;下胚轴发达,略带暗紫色;子叶宽披针形;初生叶 1片,宽卵形。

2.生物学特性

种子繁殖。种子发芽最低温度为 14℃,最适温度为 19℃,最高温度 22℃。出土早晚和多少与土层深度和土壤含水量相关,通常在 3～7 cm 土层中的种子出苗最早、最多,在 0～3 cm 土层中的出苗次之,在7～10 cm 土层中的出苗最晚、最少。

在我国东北地区,4～5 月出苗,7～9 月现蕾、开花、结果。当年种子一般不萌发,经越冬休眠后才发芽出苗。

十二、旋花科(Convolvulaceae)

(二十四)打碗花[学名:打碗花 *Calystegia nederacea* L.别名:小旋花]

1.形态特征

多年生草本,具地下横走根状茎。茎蔓状,多自基部分枝,缠绕或平卧,长 30～100 cm,有细棱,无毛。叶互生,具长柄,基部叶片长圆状心形,全缘。上部叶片三角状戟形,侧裂片开展,通常 2 裂。中裂片卵状三角形或披针形,基部心形,两面无毛。花单生于腋生;苞片 2 枚,宽卵形,包住花萼,宿存;萼片 5 枚,长圆形;花冠粉红色,漏斗状。蒴果卵圆形;种子倒卵形,黑褐色。

实生苗子叶方形,先端微凹,有柄;初生叶 1 片,宽卵形,有柄。

2. 生物学特性

根芽和种子繁殖,田间以无性繁殖为主,根状茎多集中于耕作层中,质脆易断,每个带节的断体都能长出新的植株。在我国东北部地区,4～5 月出苗,花期 6～8 月,7 月以后果实渐次成熟。

十三、鸭跖草科(Commelinaceae)

(二十五)鸭跖草[学名:鸭跖草 *Commelina communis* L. 别名:蓝花菜、兰花菜、竹叶草]

1. 形态特征

一年生草本,成株高 30～50 cm。茎披散,多分枝,基部枝匍匐,节上生根,上部枝直立或斜升。叶互生,披针形或卵状披针形,表面光滑无毛,有光泽。基部下延成鞘,有紫红色条纹。总包片佛焰苞状,有长柄。叶对生,卵状心形,稍弯曲,边缘常有硬毛。花序聚伞形,有花数朵,略伸出佛焰苞外,花瓣 3 枚,其中 2 枚较大,深蓝色,1 枚较小,浅蓝色,有长爪。蒴果椭圆形,2 室,有种子 4 粒,种子表面凹凸不平,土褐色或深褐色,形似黑色土粒。

幼苗有子叶 1 片,子叶鞘与种子之间有一条白色子叶连接。第 1 片叶椭圆形,有光泽,长 1.5～2 cm,宽 0.7～0.8 cm,先端锐尖,基部有鞘抱茎,叶鞘口有毛。第 2～4 片叶为披针形;后生叶长圆状披针形。

2. 生物学特性

种子繁殖,为晚春性杂草,雨季蔓延迅速。在东北地区,鸭跖草入夏开花,8～9 月果实成熟,种子随熟随落。生育期 60～80 d。鸭跖草种子的适宜发芽温度为 15～20℃,适宜出苗深度为 2～6 cm,种子在土壤中可以存活 5 年以上。黑龙江省农科院植保所试验表明,鸭跖草植株抗逆性强,成株拔除后在日光下晾晒 7 d 仍可 100% 存活,7～10 叶的植株晾晒 5～7 d 后移栽,存活率可达 50%～100%。

第三节　东北地区玉米田杂草群落的演变

农田杂草群落不是一成不变的,在农业措施作用下和环境条件变化的情况下,会进行演替,也就是一个杂草群落被另一个杂草群落所取代的过程。频繁的农业耕作和栽培制度的变化以及除草剂的连续单一使用,会加快这一演变的过程。

一、除草剂对东北地区玉米田杂草群落的影响

目前东北地区玉米生产中除草剂的使用已经非常普及,基本上达到 100% 使用除草剂。除草剂是玉米田杂草防治的最主要方式,有效控制了杂草的危害。但除草剂的施用会引起杂草群落较大的变化,并且施用的除草剂品种、杀草谱及选择性决定了群落演替的方向和速度。单一的除草剂长期大量使用,一方面使敏感的杂草种群大量减少、消失;另一方面使某些杂草产生了抗药性,抗药性杂草和耐药性杂草种群上升为优势种群。

现在生产上,玉米田主要以苗前和苗后两次施药防除杂草。干旱和大风是东北春季的主要气候特点,尤其是近年来旱情加重,如果气候条件导致施药期间的土壤墒情不好,会严重影响土壤处理除草剂药效的发挥。因此,往往要进行一次苗后茎叶处理。苗前土壤处理主要以乙草胺加莠去津为主;苗后茎叶处理主要以烟嘧磺隆＋莠去津为主,不同的地区还会加硝磺草酮或激素类除草剂氯氟吡氧乙酸等。乙草胺加莠去津对苍耳和苘麻及多年生杂草苣荬菜、刺儿菜防效欠佳,

烟嘧磺隆加莠去津对马唐、绿狗尾草、苘麻、问荆、铁苋菜、野西瓜苗防效不好,如果烟嘧磺隆含量不够,还会影响对稗草和野黍的防效。因此,目前玉米田优势杂草向着这些除草剂防效不好的杂草发展,主要杂草有稗草、马唐、绿狗尾草、苘麻、苍耳、问荆、铁苋菜、鸭跖草、野西瓜苗、苣荬菜、刺儿菜等。

二、耕作方法对东北地区玉米田杂草群落的影响

随着免耕技术的推广和应用,我国免耕面积不断扩大,东北玉米田也有一部分进行免耕。免耕作为一种可以减少水土流失和风蚀作用的耕作方法,对田间杂草群落的组成结构会产生影响。据黑龙江省农科院黄春艳等的研究,黑龙江省佳木斯市免耕和翻耕玉米田土壤潜杂草群落组成相近,均有 15 科 23 种或 24 种杂草,优势杂草均有 5 种,但优势杂草的种类却有较大差别。翻耕玉米田发生数量排在前 5 名的优势杂草依次是稗草、铁苋菜、龙葵、马唐、藜,而免耕玉米田发生数量排在前 5 名的优势杂草分别为藜、龙葵、稗草、铁苋菜和马唐。杂草的种类也略有不同,翻耕和免耕玉米田共有的杂草 19 种,另外翻耕田有 5 种杂草在免耕田没有,免耕田有 4 种杂草在翻耕田没有。翻耕、深松耕与免耕 3 种耕作方法相比较,玉米田杂草种子密度随耕作强度增加而减少,免耕田杂草种子密度较高,杂草发生数量最多。不同耕作方法还会对杂草的发生规律造成一定影响,翻耕、旋耕与免耕 3 种耕作方法的玉米田杂草发生规律有明显差异。翻耕和旋耕玉米田杂草比免耕玉米田晚出苗 1 周。禾本科杂草发生高峰区虽然均在播种后 5周,但免耕玉米田禾本科杂草在 5 周前发生数量很小。免耕玉米田阔叶杂草的第 1 个高峰在播种后 1 周,而翻耕和旋耕玉米田的杂草则在播种后 2 周。

另外,少耕、免耕与常规耕作农田的杂草种类相比较,免耕中多年生杂草如苣荬菜的数量较多。以黑龙江省为例,在以传统除草方式为主的年代,黑龙江省农村由于开荒历史长、铲趟次数多,杂草群落以一

年生杂草为主,而农垦系统在 20 世纪 80 年代以前由于开荒历史短、耕地面积大、铲趟次数少,多年生杂草如芦苇、苣荬菜等泛滥成灾。而后,随着机械化水平的提高,多年生杂草的危害才逐渐得到控制。但进入 2000 年以后,农村、农垦、化学除草全面普及,且随着保护性耕作的实施,耕作减少,造成多年生杂草日趋猖獗。

三、栽培方式对东北地区玉米田杂草群落的影响

不同作物轮作是有害生物科学管理和作物生产系统的重要基础,在土壤营养保持、防治土壤侵蚀和抑制病虫害与杂草发生方面具有重要作用,可被用来解决杂草、虫害和病害等问题。轮作对杂草的影响主要体现在对杂草群落和杂草种子库的影响上,它可以通过多种因素的作用改变杂草群落组成、降低地上杂草群落杂草密度和土壤杂草种子库种子数量。

许艳丽等研究了东北玉米长期连作、玉米-大豆-玉米迎茬和大豆-小麦-玉米轮作条件下玉米田杂草群落变化。结果表明,玉米田杂草的发生受前茬作物影响很大。3 种茬口杂草密度以玉米-大豆-玉米迎茬最小,杂草密度在不同年际间存在着差异,随着连作年限的增加,使连作区一些杂草种类增加,同时也有些杂草种类减少,但这种差别主要是在双子叶杂草之间。如连作 12 年较连作 10 年杂草增加了牛繁缕,减少了鸡眼草。

轮作结合除草剂处理,避免了单一作物除草剂的连年施用,不同作物除草剂的轮换使用可以减少抗性杂草的产生,并可以有效地控制多年生杂草。

第三章　东北地区玉米田杂草化学防控技术

吉林省农业科学院植物保护研究所　卢宗志

第一节　主要除草剂及其杀草谱、使用特性

一、酰胺类除草剂

（一）化学结构特点

酰胺类除草剂指分子中含有酰胺结构的有机除草剂,化学结构通式如图 3-1 所示,用不同的取代基来置换 R_1、R_2、R_3,可形成特性各异的酰胺类除草剂。

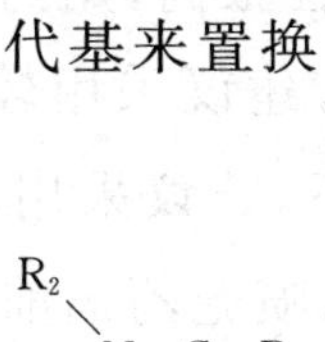

图 3-1　酰胺类除草剂化学结构通式

（二）品种通性

几乎所有品种都是防治一年生禾本科杂草的特效产品,对阔叶杂草防效较差。大多数品种都是土壤处理剂,单子叶植物的吸收部位为

幼芽,而双子叶植物主要通过根,其次是幼芽吸收;只能防除一年生禾本科杂草幼芽,对成株杂草无效。用于土壤处理的品种在土壤中的持效期较短,一般为1～3个月,在植物体内易于降解。

(三)主要品种

1. 乙草胺

(1)作用机理与特点:乙草胺是选择性芽前处理除草剂,主要通过单子叶植物的胚芽鞘或双子叶植物的下胚轴吸收,吸收后向上传导,通过阻碍蛋白质合成而抑制细胞生长,使杂草幼芽、幼根生长停止,进而死亡。禾本科杂草吸收乙草胺的能力比阔叶杂草强,所以防除禾本科杂草的效果优于阔叶杂草。乙草胺在土壤中的持效期45 d左右,主要通过微生物降解,在土壤中的移动性小,主要保持在0～3 cm土层中。

(2)防除对象:一年生禾本科杂草和部分小粒种子的阔叶杂草,对马唐、狗尾草、牛筋草、稗草、千金子、看麦娘、野燕麦、早熟禾、硬草、画眉草等一年生禾本科杂草有特效,对藜科、苋科、蓼科、鸭跖草、牛繁缕、菟丝子等阔叶杂草也有一定的防效,但是效果比对禾本科杂草差,对多年生杂草无效。

(3)应用技术:乙草胺活性很高,用药量不宜随意增大。有机质含量高、新土壤或干旱情况下,建议采用较高剂量。反之,有机质含量低、沙壤土或降雨灌溉情况下,建议采用下限剂量。乙草胺可在玉米播种前或播种后出苗前施药,喷施药剂前后,土壤宜保持湿润,以确保药效。施药后如遇降雨除草效果最好,在干旱条件下可在施药后进行浅混土,可获得稳定药效。在土壤有机质含量6%以下时,每公顷用乙草胺有效成分1 500～2 000 g,兑水600～700 L地表喷雾。

2. 甲草胺

(1)作用机理与特点:作用机理与乙草胺相同,是一种选择性芽前除草剂,被植物幼芽(单子叶植物为胚芽鞘、双子叶植物为下胚轴)吸收后向上传导,根部和种子也吸收传导,但吸收量少,传导速度慢;主要杀死出苗前土壤中萌发的杂草,对已出土杂草无效。能被土壤团粒吸附不易淋失,也不易挥发,但可被土壤微生物分解。有效期为 35 d 左右。

(2)防除对象:能有效防除大多数一年生禾本科、某些阔叶和莎草科杂草。一年生禾本科杂草如稗草、马唐、狗尾草、野黍、看麦娘、早熟禾、画眉草、牛筋草等。莎草科和阔叶杂草,如碎米莎草、异型莎草、反枝苋、马齿苋、藜、本氏蓼、酸模叶蓼、繁缕、荠菜、龙葵、豚草、鸭跖草等,对菟丝子也有一定防效。

(3)应用技术:施药时期为玉米播种前或播种后出苗前,使用方法为土壤处理。每公顷用甲草胺有效成分 1 440～2 160 g,兑水 600～750 L 均匀喷雾土表。若甲草胺与莠去津混用,不仅扩大除草谱,而且可解决莠去津的残留问题。

3.异丙草胺

(1)作用机理与特点:作用机理和吸收传导方式与甲草胺相同。如果土壤水分适宜,杂草幼苗期不出土即被杀死。症状为芽鞘紧包生长点,稍变粗,胚根细而弯曲,而无根,生长点逐渐变褐色至黑色腐烂。如土壤水分少,杂草出土后随着降雨土壤湿度增加,杂草吸收异丙草胺后,禾本科杂草心叶扭曲,萎缩,其他叶片皱缩,整株枯死,阔叶杂草叶皱缩变黄,整株枯死。

(2)防除对象:主要用于防除一年生禾本科杂草和部分阔叶杂草,如稗草、牛筋草、马唐、狗尾草、金狗尾草、早熟禾、龙葵、苘麻、鸭跖草、画眉草、香薷、水棘针、秋稷、藜、本氏蓼、酸模叶蓼、卷茎蓼、反枝苋、鬼针草、猪毛菜等。

(3)应用技术:土壤黏粒和有机质对异丙草胺有吸附作用,土壤质地对异丙甲草胺药效的影响大于土壤有机质,应根据土壤质地和有机质含量确定用药量:土壤质地疏松、有机质含量低、低洼地、土壤水分好时用低剂量；土壤质地黏重、有机质含量高，岗地、土壤水分少时用高剂量。可在玉米播种前或播种后出苗前施药，施药后如遇降雨除草效果较好，在干旱条件下可在施药后进行浅混土，可获得稳定药效。施药时期为玉米播种前或播种后出苗前，使用方法为土壤处理。每公顷用异丙草胺有效成分 2 000～2 500 g，兑水 600～750 L 均匀喷雾土表。另异丙草胺可与嗪草酮、莠去津或唑嘧磺草胺在土壤有机质 2% 以上的土壤中混用。

4.异丙甲草胺

(1)作用机理与特点：作用机理和吸收传导方式与甲草胺相同。敏感杂草在发芽后出土前或刚刚出土立即中毒死亡，表现为芽鞘紧抱着生长点，芽鞘变粗，胚根细而弯曲，无须根，生长点逐渐变褐色至黑色腐烂。如果土壤墒情好，杂草被杀死在幼苗期。如果土壤水分少，杂草出土后随着降雨土壤湿度增加，杂草吸收异丙甲草胺，禾本科草心叶扭曲、萎缩，其他叶片皱缩后整株枯死，阔叶杂草也皱缩变黄整株枯死。持效期为 30～50 d。

(2)防除对象：主要用于防除稗草、牛筋草、早熟草、野黍、狗尾草、金狗尾草、画眉草、臂形单、黑麦草、稷、鸭跖草、油莎草、荠菜、香薷、菟丝子、小叶芝麻、水棘针等杂草，对扁蓄、藜、小藜、鼠尾看麦娘、宝盖草、马齿苋、繁缕、本氏蓼、辣子草、反枝苋、猪毛菜等亦有较好的防除效果。

(3)应用技术：该药剂的使用技术与异丙草胺基本相同，用药量与土壤质地和有机质有关。可在玉米播种前或播种后出苗前施药，施药后如遇降雨除草效果较好，在干旱条件下可在施药后进行浅混土，可获得稳定药效。施药时期为玉米播种前或播种后出苗前，使用方法为土壤处理。每公顷用异丙甲草胺有效成分 1 512～2 484 g，兑水 600～750 L 均匀喷雾土表。有机质 2% 以上的土壤中施药，可与嗪草酮、2,4-D 异辛酯或噻吩磺隆混合使用。

5.丁草胺

(1)作用机理与特点:主要是通过阻碍蛋白质的合成而抑制细胞的生长。即通过杂草幼芽和幼小的次生根吸收,抑制体内蛋白质合成,使杂草幼株肿大、畸形,色深绿,最终导致死亡。

(2)防除对象:主要用于旱地有效地防除以种子萌发的禾本科杂草、一年生莎草及一些一年生阔叶杂草,如稗草、千金子、异型莎草、碎米莎草、牛毛毡等。

(3)应用技术:丁草胺在旱田主要和其他药剂混配使用,如丁·莠合剂,丁·烟·莠合剂,丁·异丙·莠合剂、丁·乙·莠合剂等。

6.氟噻草胺

(1)作用机理与特点:该药剂主要通过抑制细胞分裂与生长导致杂草死亡。

(2)防除对象:主要用于防除众多的一年生禾本科杂草,如多花黑麦草等和某些阔叶杂草。

(3)应用技术:该药剂还未在国内玉米田获得登记,目前刚刚开始进行药效登记试验。施药时期为玉米播种前或播种后出苗前,使用方法为土壤处理,用药量为 $800 \sim 984 \ g/hm^2$,喷液量为 $600 \ L/hm^2$。

二、三氮苯类除草剂

(一)化学结构特点

三氮苯类除草剂具有下列基本构造:$X = Cl, SCH_3, OCH_3$ 等;R_1,R_2,$R_3 = H$、低级烷基或烯基;$R_4 = $ 低级烷基或烯基(图 3-2)。

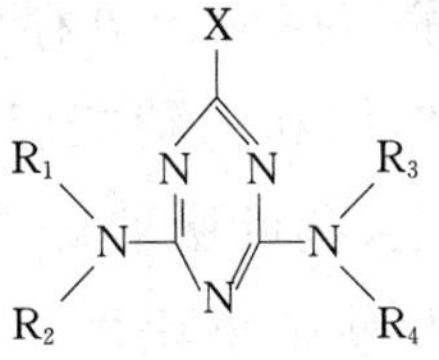

图 3-2　三氮苯类除草剂结构通式

三氮苯类活性化合物在结构上必须具备以下条件：①与三氮环上 C 原子相连的 2 个 N 是必备因素；②含有 1~3 个 N—烷基取代基；③烷基中以 C_1—C_4 最佳；④X 被 Cl、S—CH_3、O—CH_3 取代。虽然绝大多数三氮苯类除草剂品种的化学结构相似，但它们的物理化学特性及生物活性与选择性却存在显著差异，这些差异往往与第 2 位上的 Cl、S—CH_3 或 O—CH_3 有密切关系。

(二)品种通性

(1)大部分三氮苯类除草剂的性质较稳定，故具有较长的持效期；都有内吸传导作用，土壤处理后能很快被根部吸收，在木质部随蒸腾流向上传导至叶片，只有莠去津从叶片吸收能力较强。

(2)三氮苯类除草剂是典型的光合作用抑制剂，它们抑制光合作用中的希尔反应，其作用部位是光合过程中糖类形成之前能量的光化学转变的早期阶段。

(3)低浓度的三氮苯类除草剂对一些植物有促进生长的作用，可刺激幼芽和根的生长，也促进叶面积加大、茎加粗。但当用量较高时则又产生强烈的抑制作用。

(4)三氮苯类除草剂主要防治一年生杂草和种子繁殖的多年生杂草。在一年生杂草中，它们防除阔叶杂草的药效好于禾本科杂草；对多年生杂草的作用差，甚至无效。

(三)主要品种

1.莠去津

(1)作用机理与特点：典型的光合作用抑制剂，通过抑制希尔反应，抑制糖的形成，即干扰希尔反应中氧释放时的能量传递，进而影响二磷酸腺苷(ADP)的还原作用和三磷酸腺苷(ATP)的形成。莠去津进入植物体内以根吸收为主，茎叶吸收略少，通过木质部传导到分生组织及叶部，干扰光合作用，使杂草死亡。因其水溶性大于西玛津，其活性也高些，在土壤中的移动性也大些，易被雨水淋洗至深层，影响地下水质。在土壤中可被微生物分解,残效期视用药量、土壤质地、雨量、温度等因素影响,施用不当,残效期可超过半年。莠去津不影响杂草种子的发芽出土,杂草都是出土后陆续死掉的,除草干净及时,试验中玉米对高剂量的药剂也不产生药害。

(2)防除对象:对藜、蓼、鸭跖草、苍耳、苣荬菜、问荆、稗草、马唐、荸荠草、三棱草、狗尾草和柳蒿等一年生禾本科杂草和阔叶杂草均有良好的防除效果,对某些多年生杂草也有一定抑制作用。

(3)应用技术:莠去津即可作为苗前土壤处理剂又可作为苗后除草剂使用。玉米播种后出苗前使用时按有效成分 $1.5\sim2$ kg/hm^2,兑水 $600\sim750$ L/hm^2,地表喷雾;作为茎叶处理剂时,在玉米 $3\sim5$ 叶期,杂草 $2\sim6$ 叶,每公顷有效成分 $1\,140\sim1\,425$ g,兑水 300 L,茎叶喷雾。另外,莠去津在播种后出苗前使用时可与酰胺类除草剂混用,茎叶期可与烟嘧磺隆、硝磺草酮、2,4-D 异辛酯、氯氟吡氧乙酸等药剂混合使用。

2.西玛津

(1)作用机理与特点:作用机理与莠去津相同。西玛津的作用机制首先是影响 RNA 的代谢,减少同化产物,进而抑制蒸腾和呼吸作用。西玛津易被土壤吸附而残效期较长。用量高易对下茬作物产生药害。在高温多雨的地区能较快淋洗,同时又能加强微生物活动,促进其分解。酸性土壤 pH<5.4 促进分解,碱性土壤中稳定。

(2)防除对象:防治由种子繁殖的一年生或越年生阔叶杂草和多数单子叶杂草,如马唐、狗尾草、稗草、看麦娘、藜、蓼、十字花科和豆科杂草。对由根茎或根芽繁殖的多年生杂草有明显的抑制作用;浅根性杂草幼苗根系吸收到药剂即被杀死,对根系较深的多年生或深根杂草效果较差。

(3)应用技术:该药剂易被土壤吸附在表层,形成毒土层,施药时期为播种后出苗前,土壤喷雾处理,每公顷有效成分用量 $3\sim6$ kg,每公顷兑水 $600\sim750$ L。

3.氰草津

(1)作用机理与特点:主要被根吸收,也可通过叶部吸收,通过抑制光合作用发挥除草活性,使杂草死亡。土壤黏粒能吸附氰草津,在土壤中的移动性比西玛津大,在潮湿的土壤中半衰期为 $14\sim16$ d,持效期 $2\sim3$ 个月,比莠去津降解快,对后茬小麦的种植无影响。

(2)防除对象:可防治稗草、狗尾草、马唐、早熟禾、田旋花、莎草、马齿苋等多种一年生禾本科杂草和阔叶杂草。

(3)应用技术:施药时期为播种后出苗前,土壤喷雾处理或苗后杂草 $2\sim4$ 叶期茎叶喷雾。土壤处理 $1.8\sim2.4$ kg/hm^2,叶面茎叶喷雾 $1.2\sim2.0$ kg/hm^2,可与莠去津混用,以扩大杀草谱和缩短残留期。土壤湿润有利于药效的发挥,春天土壤干旱时施药后浅把混土有利于药效的发挥。

4.特丁津

(1)作用机理与特点:主要被根吸收,经木质部进入叶绿体类囊体膜中,通过抑制光合作用中光系统Ⅱ受体部位的光合电子传递,使光合作用受阻最终使杂草死亡。

(2)防除对象:可防除稗草、狗尾草、马唐、反枝苋、马齿苋、藜、龙葵等大多数一年生禾本科杂草和阔叶杂草。

(3)应用技术:施药时期为播种后出苗前,土壤喷雾处理,用量有效成分 $1.2\sim1.8$ kg/hm^2,喷液量 $600\sim750$ L/hm^2。

5.嗪草酮(赛克津)

(1)作用机理与特点:嗪草酮通过根、茎、叶吸收和传导,根系吸收后随蒸腾流向上部传导,叶部吸收后在体内只能作局部传导,主要通过抑制敏感植物的光合作用使其致死。施药后各敏感杂草萌发出苗不受影响,出苗后叶片褪绿,最后营养枯竭而死。

(2)防除对象:藜、蓼、野芝麻、扁蓄、马齿苋、野荠菜、荞麦蔓、香蓿、鼬瓣花、铁苋菜、反枝苋、苘麻、卷茎蓼、苍耳等阔叶杂草及稗草、狗尾草等禾本科杂草,对多年生杂草基本无效。

(3)应用技术:嗪草酮单剂在国内玉米田未获登记,目前在玉米田只能作为土壤处理剂与其他药剂复配使用,一般每公顷有效成分用量在 $280\sim300$ g,与乙草胺等其他药剂混合使用。该药剂在土壤有机质含量 2% 以下地块,低洼易涝沙土地不宜使用。

6.扑草净

(1)作用机理与特点:具有内吸传导作用,可从根部吸收,也可从茎叶渗入植株,运输至叶片中叶绿体内抑制光合作用,杂草失绿干枯死亡。扑草净对线粒体的呼吸作用抑制效应强于西玛津。

(2)防除对象:可有效防除多种一年生杂草和多年生恶性杂草,如马唐、狗尾草、稗草、马齿苋、蟋蟀草、藜、鸭舌草、节节草、看麦娘等,以及一些莎草科杂草,多年生眼子菜、牛毛草等。

(3)应用技术:扑草净单剂在国内玉米田未获登记,目前在玉米田只作为土壤处理剂与其他药剂复配使用,一般与乙草胺、2,4-D 丁酯等混用,该药剂施药时期为播种后出苗前土壤喷雾处理,在合剂中的用量一般为有效成分 $315\sim625$ g/hm²,兑水 $600\sim750$ L/hm² 喷雾。

7.扑灭津

(1)作用机理与特点:扑灭津为选择性内吸传导型土壤处理除草剂,作用机理与西玛津相似,内吸作用比西玛津迅速,在土壤中的移动性也比西玛津大,有一定的触杀作用,持效期长达 $20\sim70$ d。

(2)防除对象:可有效防除一年生禾本科杂草和阔叶杂草,对双子叶杂草的杀伤力大于单子叶杂草,对一些多年生的杂草也有一定的杀伤力,扑灭津对刚萌发的杂草防除效果显著,对较大的杂草及多年生深根性杂草效果较差。

(3)应用技术:施药时期为播种后出苗前,土壤喷雾处理,用量为

有效成分 $1.5\sim3$ kg/hm^2,每公顷兑水 $600\sim750$ L 地表喷雾。

三、磺酰脲类除草剂

(一)化学结构特点

磺酰脲类除草剂指分子中具有磺酰脲结构的一类除草剂,化学结构通式包括芳环、磺酰脲桥及杂环三部分(图 3-3),每一部分在分子结构的除草活性中都起重要作用,除草活性随各取代基的性质和位置不同而异。

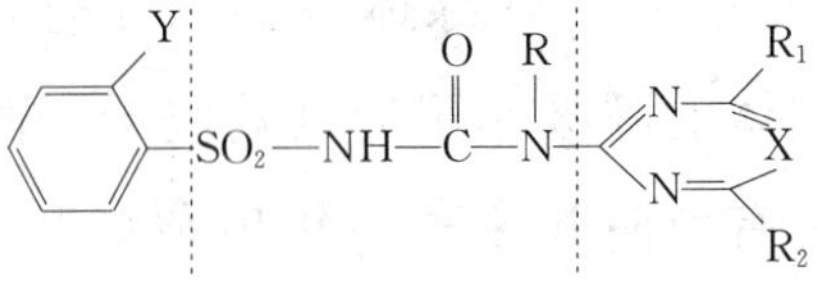

图 3-3　磺酰脲类除草剂结构通式

(二)品种通性

(1)迄今活性最高、用量最低的一类除草剂,每公顷用药量以克计,属于超高效农药品种。

(2)杀草谱广,可以防除大多数阔叶杂草和一年生禾本科杂草。

(3)选择性强,对作物高度安全。

(4)使用方便,既可以土壤处理,也可以进行茎叶处理。

(5)低毒,对哺乳动物安全,在环境中易分解而不积累,部分品种在土壤中的持效期较长,可能会对后茬作物产生药害。

(三)主要品种

1. 烟嘧磺隆

(1)作用机理与特点:内吸传导型除草剂,可被植物的茎叶和根部吸收并迅速传导,通过抑制植物体内乙酸乳酸合成酶的活性,阻止支链氨基酸如缬氨酸、亮氨酸与异亮氨酸合成进而阻止细胞分裂,使敏感植物停止生长。烟嘧磺隆不但有好的茎叶处理活性,而且有土壤封闭杀草作用,在土壤水分、空气温度事宜时,有利于杂草对烟嘧磺隆的吸收传导。长期干旱、低温和空气相对湿度低于65%时不宜施药。施药6 h后下雨,对药效无明显影响,不必重喷。用有机磷药剂处理过的玉米对该药敏感,两药剂的使用间隔为7 h左右。烟嘧磺隆可与菊酯类农药混用。

(2)防除对象:稗草、龙葵、香薷、野燕麦、问荆、蒿属、苍耳、苘麻、鸭跖草、狗尾草、金狗尾草、狼把草、马唐、牛筋草、野黍、柳叶刺蓼、卷茎蓼、反枝苋、大蓟、水棘针、荠菜、风花菜、遏蓝菜、刺儿菜、苣荬菜等一年生杂草和多年生阔叶杂草。对藜、小藜、地肤、鼬瓣花、芦苇等亦有较好的药效。

(3)应用技术:该药剂主要作为茎叶处理剂使用,施药时期为玉米出苗后3~5叶期间,禾本科杂草一个分蘖前,阔叶杂草10 cm以下时施药,大多数杂草出齐时,除草剂效果最佳,且对玉米也安全。用药量为有效成分40~60 g/hm²,喷液量300 L/hm²。烟嘧磺隆可与莠去津、硝磺草酮、辛酰溴苯腈、氯氟吡氧乙酸等药剂混合使用,在苗期防除一年生杂草。

2.砜嘧磺隆

(1)作用机理与特点:砜嘧磺隆的作用机理与烟嘧磺隆完全相同,植物分生组织经砜嘧磺隆处理后,敏感的禾本科和阔叶杂草停止生长,然后褪绿、斑枯直至全株亡。对甜玉米、爆裂玉米、黏玉米及制种田不宜使用。

(2)防除对象:可防除玉米田大多数一年生与多年生禾本科杂草和阔叶杂草,如香附子、阿拉伯高粱、铁荸荠、田蓟、匍匐野麦、皱叶酸模等多年生杂草。野燕麦、稗草、止血马唐、马唐、法式狗尾草、灰狗尾草、狗尾草、轮生狗尾草、千金子属、羊草、多花黑麦草、二色高粱、扁叶臂形草、蒺藜草、毛线稷、秋稷等一年生禾本科杂草。苘麻、西风古、小苋、结节苋、藜、繁缕、猪殃殃、反枝苋、母菊属、薄荷、虞美人、田荠、牛膝菊等一年生阔叶杂草。

(3)应用技术:玉米出苗前和出苗后均可使用,在出苗后早期使用,对大多数2～5叶的一年生杂草防效最好。用量为有效成分5～15 g/hm²,添加0.1%～0.25%体积比的表面活性剂。一年生禾本科杂草在分蘖前用药效果好,对多年生杂草则应在枝叶生长丰满时施用效果好,有利于药剂吸收。施药后要在前、后7 h内尽量避免使用有机磷杀虫剂,否则可能会引起玉米药害。如玉米超过4叶期,单用或混用玉米均有药害发生,药害症状表现为拔节困难,株高短小,叶色淡,发黄,心叶卷缩变硬,有发红现象,但10～15 d可恢复。

3.噻吩磺隆

(1)作用机理与特点:噻吩磺隆是一种内吸收传导型苗后选择性除草剂。作用机理与烟嘧磺隆相同,为乙酰乳酸合成酶(ALS)抑制剂。敏感植物停止生长,在受药后1～3周内死亡。噻吩磺隆持效期比较短,一般为30～60 d。在作物处于不良环境时,如严寒、干旱、土壤水分过饱和及病虫害危害等,不宜施药。否则可能产生药害。

(2)防除对象:主要用于防除一年生和多年生杂草如苘麻、龙葵、香薷、问荆、凹头苋、反枝苋、马齿苋、臭甘菊、藜、葎草、本氏蓼、卷茎蓼、桃叶蓼、鼬瓣花、鸭舌草、猪殃殃、婆婆纳、播娘蒿、地肤、野蒜、牛繁缕、繁缕、王不留行、遏蓝菜、猪毛菜、芥菜、荠菜等,对田蓟、田旋花、野燕麦、狗尾草、雀麦、刺儿菜及其他禾本科杂草等无效。

(3)应用技术:该药剂既可作为土壤处理剂也可作为茎叶处理剂,苗前用药量为30～37.5 g/hm²,兑水600～750 L/hm²。出苗后用药在玉米3～7叶期,阔叶杂草3～4叶期,用药量为20～25 g/hm²,兑水300～450 L/hm²,加入液量0.2%的非离子表面活性剂,茎叶喷雾处理。另噻吩磺隆可以与乙草胺在出苗前混合使用。

　　4.氯吡嘧磺隆

　　(1)作用机理与特点:作用机理与其他磺酰脲类除草剂一样,是乙酰乳酸合成酶(ALS)抑制剂。通过杂草根和叶吸收,在植株体内传导,杂草即停止生长,而后枯死。

　　(2)防除对象:氯吡嘧磺隆主要用于防除阔叶杂草和莎草科杂草,如苘麻、苍耳、曼陀罗、豚草、反枝苋、野西瓜苗、蓼、马齿苋、龙葵、草决明、牵牛、香附子等。

　　(3)应用技术:该药剂出苗前和出苗后均可施用。目前在国内玉米田只获得了茎叶喷雾登记,土壤处理还未获登记。用药时期为玉米3～5叶,莎草和阔叶杂草2～6叶时喷雾,用药量为 $45\sim56.25\ \mathrm{g/hm^2}$,兑水 $300\sim450\ \mathrm{L/}$ 亩。

四、苯氧羧酸类除草剂

(一)化学结构特点

　　苯氧羧酸类除草剂由苯氧基和各种羧酸类及其盐类或酯类构成,由于苯环上取代基及其取代位以及侧链长短的变化,形成不同的品种。苯氧羧酸类除草剂不同品种与剂型的防除对象及杀草活性具有显著差异。如常用几个品种的除草效果是:2,4-D≥2甲4氯＞2,4,5-T。同品种不同剂型的除草效果是:酯＞酸＞胺盐＞铵盐＞钠(钾)盐(图 3-4)。

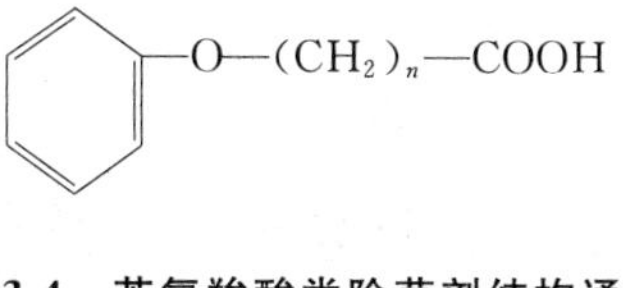

$$\text{O—(CH}_2)_n\text{—COOH}$$

图 3-4　苯氧羧酸类除草剂结构通式

(二)品种通性

(1)通常用于进行茎叶处理防除一年生和多年生阔叶杂草;进行土壤处理时,对于一年生禾本科杂草及其种子繁殖的多年生杂草幼芽也有一定的防效,但在这些禾本科杂草出苗后,防效便显著下降或无效。

(2)苯氧羧酸类除草剂可被阔叶杂草的根系与茎叶迅速吸收,既能通过木质部导管与蒸腾流一起传导,也能与光合作用产物结果在韧皮部的筛管内传导,并在植物的分生组织(生长点)中积累。

(3)当将其盐或酯类喷布于植株后,植物将其变为相应的酸而发生毒害作用。

(4)用于土壤处理后,盐类比酯类易于淋溶,特别是在轻质土以及降雨多的地区易于淋溶。

(5)施于土壤中的苯氧羧酸类除草剂主要通过土壤微生物进行降解,在温暖而湿润的条件下,它们在土壤中的持效期为1~4周,而在冷冻干燥的气候条件下,持效期较长,可达1~2个月。

(6)在正常用量条件下,对人、畜及其他动物低毒,对环境安全。

(三)主要品种

苯氧羧酸类除草剂中最知名的当属2,4-D及其衍生出来的其他除草剂,一般多为可溶性盐类或酯类。国内生产较多的酯类品种为2,4-D丁酯和2,4-D异辛酯。自2015年,农业部已不再受理2,4-D丁酯及含有其成分的农药产品的登记和续展申请,因此本文对2,4-D丁酯不再赘述。

1. 2,4-D异辛酯

(1)作用机理与特点:2,4-D异辛酯是激素型除草剂,可被根、茎、叶吸收传导,茎、叶吸收可通过植物的韧皮部向下传导到达根部;根吸收可通植物的木质部向上传导到达全株,使整个植物表现畸形,严重破坏植物的生理功能,导致死亡。敏感植物受害的叶片和茎尖卷曲,茎基部变粗,肿裂霉烂。根部受害的变短变粗,根毛缺损,水分与营养物质吸收和传导受到影响,严重时可使全株死亡。在 2,4-D 丁酯禁止登记和使用后,2,4-D 异辛酯因其挥发性和飘移较 2,4-D 丁酯轻,故在农业生产上成为替代 2,4-D 丁酯使用的主要药剂之一。

(2)防除对象:小蓟、苣荬菜、鸭跖草、问荆、藜、蓼、米瓦罐、龙葵、苘麻、离子草、繁缕、苋菜、葎草、苍耳、田旋花等一年生或多年生阔叶杂草。

(3)应用技术:该药剂既可作为土壤处理剂也可作为茎叶处理剂,玉米播种后出苗前,作为土壤处理剂时用量为有效成分 $650\sim900\ g/hm^2$,兑水 $600\sim750\ L$ 进行土壤喷雾。玉米在出苗后 $4\sim6$ 叶期使用时,对 2,4-D 异辛酯有良好的耐药性,用量为有效成分 $500\sim660\ g/hm^2$,兑水 $300\ L$ 茎叶喷雾。防治玉米田阔叶杂草。

2. 2,4-D 二甲胺盐水剂

该药与 2,4-D 异辛酯同为 2,4-D 的衍生物,除草机理、防除对象及应用技术基本同 2,4-D 异辛酯。用药量为 $450\sim600\ g/hm^2$,兑水 $300\ L$ 茎叶喷雾。

3. 2 甲 4 氯

(1)作用机理与特点:2 甲 4 氯具有较强的内吸收传导性,主要用于苗后茎叶处理,药剂穿过角质层和细胞质膜,最后传导到各部分,在不同部位对核酸和蛋白质合成产生不同影响,在植物顶端抑制核酸代谢和蛋白质的合成,使生长点停止生长,幼嫩叶片不能伸展,一直到光合作用不能正常进行;传导到植株下部的药剂,使植物茎部组织的核酸和蛋白质的合成增加,促进细胞异常分裂,根尖膨大,丧失吸收养分的能力,造成茎秆扭曲、畸形,筛管堵塞,韧皮部破坏,有机物运输受阻,从而破坏植物正常的生活能力,最终导致植物死亡。

（2）防除对象：防除一年生或多年生阔叶杂草和部分莎草，与草甘膦混用可防除抗性杂草，明显加快杀草速度；用于土壤处理对一年生禾草及种子繁殖的多年生杂草幼芽也有一定防效。

（3）应用技术：该药剂既可作为土壤处理剂也可作为茎叶处理剂，目前国内在玉米田只有茎叶处理上获得了登记，在土壤处理上与其他药剂复配未获得登记。在玉米 3～5 叶期，有效成分 $225\sim337.5\ \mathrm{g/hm^2}$，兑水 300 L 喷雾，防除玉米田莎草及阔叶杂草。在玉米生长中后期，每公顷用有效成分 924～1 176 g 定向喷雾，对叶龄较大的莎草也有很好的防除作用。

五、有机磷类除草剂

有机磷类农药用于玉米田除草的主要有草甘膦和草铵膦，这两种药剂均为广谱、灭生性除草剂，它们在玉米田的使用主要是在行间进行定向喷雾。其中草甘膦已经在玉米田除草进行了登记，但草铵膦还没有在玉米田获得登记。由于这两种有机磷类除草剂的作用机理不同，所以施药后杂草的受害反应也不相同。

主要品种如下。

1.草甘膦（农达）

（1）作用机理与特点：主要抑制植物体内的烯醇丙酮基莽草素磷酸合成酶活性，破坏莽草素向苯丙氨酸、酪氨酸及色氨酸的转化，从而使蛋白质合成受到干扰，导致植株死亡。草甘膦是一种非选择性、无残留灭生性除草剂，植物通过茎叶吸收草甘膦后传导到植物各部位，然后表现出受害症状。草甘膦入土后很快与铁、铝等金属离子络合而失去活性，对土壤中潜藏的种子和土壤微生物无不良影响。

（2）防除对象：可防除单子叶和双子叶、一年生和多年生、草本和灌木等 40 多科的植物。各种杂草对草甘膦的敏感程度不同，一年生杂草较为敏感,其次为多年生杂草。

(3)应用技术:在玉米播种前或播种后出苗前防除已经出苗的杂草或在玉米中后期、玉米与行间杂草有明显位差时,进行行间定向喷雾,用量为有效成分 $615\sim1\ 230\ g/hm^2$,喷液量 $300\sim450\ L/hm^2$。

2.草铵膦(草丁膦)

(1)作用机理与特点:草铵膦靶标酶为谷氨酰胺合成酶,通过抑制谷氨酰胺合成酶,可以导致植物体内氮代谢紊乱,铵的过量积累使叶绿体解体,从而光合作用受抑制,最终导致植物死亡。该药剂为触杀型灭生性除草剂,具有部分内吸作用,可由叶片基部向端部转移,向植株其他部位转移较少,接触土壤后失去活性,对未出土的幼芽和种子无害,只宜作出苗后茎叶处理剂。

(2)防除对象:可防除一年生和多年生禾本科杂草,也可防除一年生和多年生阔叶杂草,对莎草科和蕨类植物也有一定效果。

(3)应用技术:同联吡啶类除草剂一样,该药剂在玉米田还未获登记,但在生产上经常有农户在使用,应用技术为在玉米播种前或播种后出苗前防除已经出苗的杂草或在玉米中后期、玉米与行间杂草有明显位差时,进行行间定向喷雾,用量为有效成分 $700\sim1\ 200\ g/hm^2$,喷液量 $300\sim450\ L/hm^2$。

六、联吡啶类除草剂

联吡啶类除草剂是典型的光合系统 I 抑制剂,属于触杀型广谱灭生性除草剂,不具有选择性。此类除草剂在植物表面进行光化学分解,在植物体内不进行代谢与降解。茎叶期喷雾其作用决定于光,植物对其吸收非常迅速,喷药后短期内降雨不影响药效的发挥。该类除草剂接触土壤后迅速被土壤黏粒与有机质强烈吸附而丧失活性。

联吡啶类除草剂主要有两个品种,百草枯和敌草快,它们都属触杀型广谱、灭生性除草剂,其中百草枯国家已经在 2014 年 7 月 1 日撤销登记并停止生产,在 2016 年 7 月 1 日停止使用,现在只有敌草快在继续销售使用。因此本文对百草枯也不再赘述。

敌草快(杀草快)

(1)作用机理与特点:属于光合系统 I 抑制剂,抑制光合作用的电子传递,还原状态的联吡啶化合物在光诱导下,有氧存在时很快被氧化,形成活泼的过氧化氢,这种物质的积累使植物细胞膜破坏,受药部位枯黄。

(2)防除对象:灭生性除草剂,对所有一年生和多年生杂草均有防效,对单子叶和双子叶植物绿色组织均有很强的破坏作用,但不能穿透栓质化的树皮,不能破坏植株的根部和土壤内潜藏的种子,因而施药后杂草有再生现象。

(3)应用技术:玉米田除草主要在玉米播种前或播种后出苗前防除已经出苗的杂草。再就是在玉米中后期行间定向喷雾,玉米与行间杂草有明显位差时,进行行间定向喷雾,防除玉米田行间杂草。用量为有效成分 $450 \sim 600 \ g/hm^2$,喷液量 $300 \sim 450 \ L/hm^2$。

七、其他类除草剂

1. 二甲戊灵

(1)作用机理与特点:二甲戊灵属二硝基苯胺类除草剂,为分生组织细胞分裂抑制剂,不影响杂草种子的萌发。在杂草种子萌发过程中幼芽、幼茎、幼根吸收药剂后而起作用。双子叶植物吸收部位为下胚轴。单子叶植物吸收部位为幼芽,其受害症状为幼芽和次生根被抑制,最终导致死亡。土壤有机质超过 2% 时应使用高剂量。

(2)防除对象:一年生禾本科和某些阔叶杂草,如马唐、牛筋草、稗草、早熟禾、藜、马齿苋、反枝苋、凹头苋、车前草、苣荬菜、看麦娘、鼠尾看麦娘、猪殃殃、臂形草属、狗尾草、金狗尾草、光叶稷、稷、毛线稷、柳叶刺蓼、卷茎蓼、繁缕、地肤、龙爪茅、莎草、异型莎草、宝盖草等。总体上防除单子叶杂草效果比双子叶杂草效果好。

(3)应用技术:出苗前和出苗后均可使用本药剂。如苗前施药,必须在玉米播后出苗前 5 d 内施药。用药量为有效成分 1 237.5～1 485 g/hm²,兑水 600～750 L/hm²,均匀喷雾。如果施药时土壤含水量低,可适当混土,但切忌药接触种子。如果在玉米出苗后施药应在阔叶杂草长出 2 片真叶、禾本科杂草 1.5 叶期之前进行。本药剂在玉米田里可与莠去津、百草敌、氰草津等除草剂混用,可提高防除双子叶杂草的效果。

2.辛酰溴苯腈

(1)作用机理与特点:辛酰溴苯腈是一种苯腈类选择性触杀型苗期除草剂,主要在杂草苗期经由阔叶类敏感杂草的叶片接触吸收而起作用。敏感杂草叶片接触吸收了此药之后,在体内进行有限传导,通过抑制光合作用和蛋白质合成而影响杂草体内的一系列生理与生化过程,迅速促进使叶片褪绿和生产褐斑,最终导致细胞组织坏死而使全株枯萎。

(2)防除对象:专用于防除阔叶杂草的除草剂,可有效地防除旱作物田里的藜、猪毛菜、地肤、播娘蒿、蓼、扁蓄、卷茎蓼、龙葵、母菊、矢车菊、豚草、千里光、婆婆纳、苍耳、鸭跖草、野罂粟、麦家公、麦瓶草和水稻田里的疣草等。

(3)应用技术:施药时遇到 8℃以下低温时,影响药效,遇到 35℃以上高温或高湿天气,对作物安全性有影响。施药后 6 h 无降雨才能保证药效发挥。在玉米 4～8 叶期,阔叶杂草 10 cm 以下时,春玉米田用辛酰溴苯腈有效成分 375～562.5 g/hm²,兑水 300 L/hm² 喷雾。或与莠去津、烟嘧磺隆等同期加水配成药液均匀喷施。

3.甲基磺草酮

(1)作用机理与特点:甲基磺草酮为三酮类除草剂,是对羟苯基丙酮酸双氧化酶(HPPD)的有效抑制剂,此种酶催化质体醌与生育酚生物合成的起始反应。在植物体内,酪氨酸代谢是一种重要过程,其代谢产物尿黑酸是光合色素醌与生育酚合成的前体物质,而尿黑酸生物合成包括一个脱羧阶段、双氧化作用与丙酮酸侧链重排作用,这种复合反应系由 HPPD 诱导。HPPD 受抑制,从而造成植物分生组织中酪氨酸积累及质体醌衰竭,植物白化而逐渐死亡。用于玉米田出芽前土表处理或出苗后茎叶喷雾,种子、幼根、幼芽与叶片均能吸收。茎叶喷洒甲基磺草酮后,杂草迅速吸收,经木质部与韧皮部传导,向上与向下传导,到达分生组织,抑制 HPPD 造成杂草产生白化而死亡。

(2)防除对象:可用于玉米芽前或芽后防除一年生阔叶杂草和若干禾本科杂草,其中主要包括苍耳、苘麻、藜、苋、蓼、龙葵、繁缕、三裂叶豚草等大多数田间重要阔叶杂草及幼龄稗草、马唐、狗尾草等部分禾本科杂草。对磺酰脲类除草剂产生抗性的杂草有效。

(3)应用技术:考虑到我国北方春玉米地区"十年九春旱"的气候特点,甲基磺草酮最好进行茎叶喷雾。用量为甲基磺草酮有效成分 $120\sim150$ g/hm², 兑水 300 L/hm²。甲基磺草酮在使用中可混性强,苗后茎叶喷雾可与烟嘧磺隆、砜嘧磺隆、莠去津、辛酰溴苯腈等混用。

4.胺唑草酮

(1)作用机理与特点:胺唑草酮为三唑啉酮类除草剂,抑制植物光合作用,敏感植物的典型症状为褪绿,停止生长,组织枯黄直至最终死亡。与其他光合作用抑制剂(如三嗪类除草剂)有交互抗性,主要通过根系和叶面吸收。

(2)防除对象:主要用于玉米田阔叶杂草,如苘麻、藜、苋属杂草、苍耳、裂叶牵牛等。

（3）应用技术：玉米 3～5 叶期，阔叶杂草 10 cm 以下时，有效成分 210～315 g/hm²，兑水 30～450 L/hm² 喷雾。

5. 苯唑草酮

（1）作用机理与特点：苯唑草酮是苯甲酯吡唑酮类内吸传导型苗后茎叶处理除草剂，为 4-羟基苯基丙酮酸酯双氧化酶（4-HPPD）抑制剂。可以被杂草的叶片、根和茎吸收，并在植物体内向上和向下双向传导，间接影响类胡萝卜素的合成，干扰叶绿体在光照下合成与功能，最终导致杂草严重白化、组织坏死，杂草死亡。

（2）防除对象：马唐、稗草、牛筋草、野黍、狗尾草、藜、蓼、苘麻、马齿苋、苍耳、龙葵等。还可以对恶性阔叶杂草，如刺儿菜、苣荬菜、铁苋菜、鸭跖草具有良好的防除效果。

（3）应用技术：该药剂需与专门的助剂一起使用，一般在杂草的 2～5 叶期，有效成分 25.2～30.2 g/hm² 加 1 350 mL/hm² 专用助剂，兑水 225～300 L/hm² 茎叶喷雾。

6. 异噁唑草酮

（1）作用机理与特点：对羟基苯基丙酮酸脂双氧化酶（HPPD）抑制剂。其作用特点是具有广谱的除草活性、出苗前和出苗后均可使用、杂草出现白化后死亡。虽其症状与类胡萝卜素生物合成抑制剂的作用症状极相似，但其化学结构特点如极性和电离度与已知的类胡萝卜素生物合成抑制剂等有明显的不同。异噁唑草酮主要经由杂草幼根吸收传导而起作用，敏感杂草吸收了此药后，通过抑制对羟基苯基丙酮酸脂双氧化酶的合成，导致酪氨酸的积累，使质体醌和生育酚的生物合成受阻，进而影响到类胡萝卜素的生物合成，因此 HPPD 抑制剂与类胡萝卜素生物合成抑制剂的作用症状相似。

（2）防除对象：能防除多种一年生阔叶草，如对苘麻、苍耳、藜、地肤、繁缕、龙葵、婆婆纳、香薷、曼陀罗、猪毛菜、柳叶刺蓼、春蓼、宾州蓼、酸模叶蓼、鬼针草、反枝苋、马齿苋、铁苋菜、水棘针等活性优异,对稗草、牛筋草、马唐、秋稷、稷、千金子、狗尾草和大狗尾草等禾本科杂草也有较好的防效。

(3)应用技术:异噁唑草酮的杀草活性较高,既可作为出苗前又可作为出苗后除草剂使用,但通常作为土壤处理剂。施用时不要超过推荐用量,并力求把药喷施均匀,以免影响药效和产生药害。同其他土壤处理剂不一样的是,异噁唑草酮在施用时或施用后,因土壤墒情不好而滞留于表层土壤中的有效成分虽不能及时发挥出防除杂草作用,但能保持较长时间不被分解,待遇到降雨或灌溉,仍能发挥防除杂草的作用,甚至对长到4~5叶的敏感杂草也能杀伤和抑制。若在水分多、土壤墒情好的情况下,就能更好、更快地发挥该除草剂的药效。其用于碱性土或有机质含量低、淋溶性强的沙质土,有会使玉米叶片产生黄化、白化药害症状。使用异噁唑草酮时,可按土壤质含量、土壤干湿和天气情况、田间发生的杂草种类和相对密度,适当调整计量或与其除草剂混配比例,以达到更加的防除效果。

异噁唑草酮作为土壤处理剂,一般在玉米播后抑制内施药,使用剂量为有效成分 $60 \sim 12 \, g/hm^2$,兑水 $600 \sim 750 \, mL/hm^2$。禾本科杂草较多的地块可以与乙草胺等酰胺类除草剂一起使用。

7.氯氟吡氧乙酸(氟草烟)

(1)作用机理与特点:氟草烟是吡啶类内吸传导型苗后除草剂,用药后很快被植物吸收,使敏感植物出现典型激素类除草剂的反应,植株畸形、扭曲。温度对其除草的最终效果无影响,但影响其药效发挥的速度。一般在温度低时药效发挥较慢,可使植物中毒后停止生长,但不立即死亡,气温升高后植物很快死亡。

(2)防除对象:阔叶杂草如鸭跖草、猪殃殃、卷茎蓼、马齿苋、龙葵、繁缕、巢菜、田旋花、小旋花、鼬瓣花、酸模叶蓼、水花生、萹草、香薷、野豌豆、母草和播娘蒿等。对禾本科及莎草草科杂草无效。

（3）应用技术：施药适期在玉米苗后 6 叶期之前，杂草 2～5 叶期，用药量为 180～210 g/hm²，兑水 300 L/hm²。氯氟吡氧乙酸在苗后茎叶喷雾中可与烟嘧磺隆、硝磺草酮、莠去津、辛酰溴苯腈等混用。

8.二氯吡啶酸

（1）作用机理与特点：二氯吡啶酸是一种人工合成的植物生长激素，它的化学结构和许多天然的植物生长激素类似，但在植物的组织内具有更好的持久性。它主要通过植物的根和叶进行吸收，然后在植物体内进行传导，所以其传导性能较强。对杂草施药后，它被植物的叶片或根部吸收，在植物体中上下移动并迅速传导到整个植株。低浓度的二氯吡啶酸能够刺激植物的 DNA、RNA 和蛋白质的合成从而导致细胞分裂的失控和无序生长，最后导致管束被破坏；高浓度的二氯吡啶酸则能够抑制细胞的分裂和生长。

（2）防除对象：对豆科和菊科多年生杂草有特效。

（3）应用技术：施药时期为玉米 3～5 叶期，阔叶杂草 2～6 叶期使用，药剂用量为有效成分 202.5～236.25 g/hm²，兑水 300 L 茎叶喷雾。

9.唑嘧磺草胺（阔草清）

（1）作用机理与特点：该药属三唑并嘧啶磺酰胺类，是典型的乙酰乳酸合成酶抑制剂。通过抑制支链氨基酸的合成使蛋白质合成受阻，植物停止生长。该药剂残效期较长，在高 pH 与低有机质条件下，降解迅速，但对棉花、甜菜与油菜高度敏感，施药后 22 个月仍不能进行种植。

（2）防治对象：防治一年生及多年生阔叶杂草，如问荆、荠菜、小花糖芥、独行菜、播娘蒿、蓼、婆婆纳、苍耳、龙葵、反枝苋、藜、苘麻、猪殃殃、曼陀罗等。对幼龄禾本科杂草也有一定抑制作用。

（3）应用技术：施药时期为玉米播种后出苗前封闭使用，药剂用量为有效成分 45～60 g/hm²,兑水 600～750 L/hm² 地面喷雾。

第二节　杂草防控关键时期

不同的土壤地质条件和地理位置,往往会有产生不同的杂草群落,在进行玉米田杂草治理时,要根据玉米和杂草所处的生育时期、田间杂草群落和除草剂特点来选择相应的除草剂品种。在施药时还要考虑气候条件和田间的土壤特性,以确定用药的最佳时期和单位面积的最佳用药量。在玉米生长的不同时期,主要有以下几个杂草防控的关键时期。

一、播前施药

在东北春玉米区,播前施药主要分秋季播前施药和春季播前施药,秋施除草剂是东北地区防除第二年春季杂草的有效措施,比春季施药对玉米安全,并可提高药效 5%～10%,特别对鸭跖草、野燕麦发生严重的地区,是与秋施肥、秋起垄相配套的措施。

秋季施药在秋季气温降到 10℃ 以下至封冻前进行。施药前土壤要达到播种状态:地块平整,土块细碎,地表无大土块和植物残株。施药要均匀,施药前要把喷雾器调整好,达到流量准确、雾化良好、喷洒均匀,作业中要严格遵守操作规程;混土要彻底,混土要用双列圆盘耙,耙深 10～15 cm,机车速度每小时 6 km 以上,地先顺耙一遍,再以与第一遍垂直的方向耙一遍。秋施除草剂用量一般比春季施药高10%～20%。

春季播前施药是指在玉米播种前土壤施药,然后用双列圆盘耙耙入 5～7 cm 土层,形成药土层,平作和秋起垄应用效果好。春季播前施药整地要求同秋施药。

二、玉米播种后出苗前施药

玉米播种后出苗前施药即为玉米播种后尚未出苗时施药,这也是当前最为常用的方法,称为苗前封闭用药。如遇干旱年份,喷药后可及时进行浅混土以促进药效的发挥,但耙地深度不能超过播种深度,严防伤芽或将种子耙出。使用易光解、挥发的土壤处理剂时应及时进行浅混土处理,提高防效。

玉米播后出苗前施药,药效的发挥与土壤湿度、施药前后的温度,特别是施药后的降雨有极大的关系,所以很多农户多年来养成了等雨施药的习惯,有时往往降雨来临时已有近 1/2 的玉米露土出苗,过去在这个时候一般不建议农户此时施药,但经笔者多年的试验,此时如果按照登记剂量喷施乙·莠合剂,或者将乙草胺和莠去津临时桶混使用,对玉米无药害,而且对杂草有非常高的防除效果。不过此时用药不能混用有 2,4-D 成分的药剂,或使用含有 2,4-D 类成分的混剂,因为此时 2,4-D 与乙草胺一起使用玉米易发生药害。

三、玉米苗后施药

玉米苗后施药即在玉米和杂草出苗后这一时间段对杂草进行茎叶喷雾施药。茎叶喷雾施药可因草施药,不受土壤类型和有机质含量影响,针对性强,药效受环境影响较小,施药后容易取得较好的防治效果。该阶段施药的关键在于既要考虑施药时玉米的生育期,又要考虑田间杂草的生育期及其群落组成。一般情况下苗后施药要根据田间杂草和玉米生长的具体情况分 3 个阶段进行施药。

(一)苗后早期施药

在玉米播种后,由于干旱等气候原因使前期封闭用药没有产生较好的除草效果或者因气候原因没有进行前期封闭用药的地块,杂草基数往往过多,这时如果等到玉米 3～5 叶期施药,往往因杂草基数过大或部分杂草叶龄过高而使茎叶处理防效不高。因此对这样的地块应该提前用药。一般在玉米和禾本科杂草 2～3 叶,少数玉米 4 叶,阔叶杂草 5 叶以内施药,此时因杂草叶龄较小,对除草剂十分敏感,易于防除。第一次茎叶用药后,在玉米 4～6 叶期,可对地里残留及后出的杂草进行第二次用药。两次用药后,田间杂草基本维持在可控范围之内。茎叶期两次用药的关键除把握好两次用药的时期外,就是要控制除草剂用量,两次用药的剂量要保持在所选用药剂登记剂量的下限或中间剂量,切勿使用较高剂量。

(二)玉米苗期施药

杂草茎叶期除草主要在此时期进行,此时大龄禾本科杂草只出现 1 个分蘖,阔叶杂草高度在 10 cm 以下,玉米多在 3～5 叶期进行茎叶喷雾。这时杂草基本出齐,植物幼嫩,耐药性差,对除草剂容易吸收,而玉米对除草剂的耐药性较强,不易出现药害,所以这个阶段施药除草效果比较理想。玉米苗期施药的确切时期应该以杂草生育期为准,兼顾玉米生育期。

(三)玉米中后期施药

很多玉米田块因为前期种种原因,在玉米中后期仍然有大量杂草存在,此时玉米正处于拔节期或已过拔节期,而田间杂草的叶龄和高度也已经超过最佳的除草时期,这时田间除草应该采用玉米行间定向喷雾,行间定向喷雾时,玉米与杂草一定要有高度位差时进行。此时选用的药剂主要是灭生性除草剂,如草铵膦、草甘膦、敌草快等。施药时需在喷雾器喷头上加防护罩,对杂草进行定向行间喷雾。

第三节　常见药害

玉米除草剂药害是化学除草过程中一个不可忽视的问题,因为除草剂对玉米与杂草选择性也不是绝对的,使用不当或遇苛刻的气象条件时,玉米便会受到伤害,轻者生长受到抑制,重者植株畸形甚至死亡。由于植物本身具有自我补偿能力,药害较轻时在玉米在施药后1个月内即可恢复正常,不影响后期生长和产量。受害中度,虽然外观上看起来恢复正常生长但仍影响产量。受害严重时则造成植物部分或全部死亡,严重减产甚至绝产。因此,正确识别药害症状,分析药害产生的原因,有助于预防和解救药害。本节主要介绍玉米田常用除草剂因使用不当对玉米造成的药害症状。

除草剂造成作物的形态变化是诊断药害的主要依据,药害与除草剂的杀草机制关系密切,同一类除草剂各个品种的药害症状基本相同。

一、酰胺类除草剂药害症状

目前用于玉米田的酰胺类除草剂几乎都是内吸传导型土壤处理剂,这些药剂主要为氯代乙酰胺结构的除草剂,它们的作用特点主要是抑制植物萌芽种子 α-淀粉酶及蛋白酶的活性,并阻碍营养物质的运输,以此干扰长链脂肪酸及蛋白质的合成,使幼芽和幼苗不能完全展开,从而变形、变色、萎缩、死亡。例如,乙草胺药量过大时,玉米出现叶鞘不能正常抱茎,叶片变形,新叶卷曲成鞭状,根茎肿大,生长受抑制。氯代乙酰胺类除草剂出现药害,往往是由于地势低洼冷凉、土壤过湿多雨及遇到低温、多雨等天气的影响,造成玉米受害。

二、三氮苯类除草剂药害症状

三氮苯类除草剂为内吸传导型除草剂，是典型的光合作用抑制剂。其作用特点是在有光的情况下，阻碍电子传递，抑制希尔反应，致使植物叶片褪绿，造成营养供应枯竭而停止生长。例如，西玛津、莠去津在玉米田施药量过多，可造成玉米"缺绿症"，先是叶尖及边缘失绿，叶片发黄，生长终止，最后枯死。

此类除草剂不影响植物发芽与出苗，待到出苗见光后才受其害。通常表现为从下位先出叶片的叶缘、叶尖开始失绿变黄，而后向叶片中部扩展，但叶脉仍残留淡绿颜色。叶缘、叶尖在变黄之后，常发展为枯焦的火烧状。根部则表现不出异常症状。

三氮苯类除草剂在高温、过湿的环境下应用，会使玉米受害的可能性增大。而非对称结构的嗪草酮等，在沙质土、盐碱地(pH>7.5)或土壤有机质含量较低(<2%)以及雨水较低，土壤湿度偏大的情况下应用，很易使当茬玉米受害。

将此类除草剂用作土壤处理剂，被植物根系吸收后，即迅速、大量向上传导而起作用；若用作茎叶处理时，被植物叶片吸收后，则向其他部位传导甚少，乃是通过一定的渗透、接触，造成触杀型枯斑。

三、磺酰脲类除草剂药害症状

该类药剂的作用特点是通过抑制植物体内乙酸乳酸合成酶的活性，阻止支链氨基酸缬氨酸、亮氨酸与异亮氨酸合成进而阻止蛋白质的合成，直到抑制植物细胞的有丝分裂和生长，使敏感植物停止生长。此类除草剂引起药害往往是由于其中某些除草剂品种的安全性较差或纯度不高等原因造成，有时也会因为某些玉米品种比较敏感而形成药害，比如甜玉米和爆裂玉米使用烟嘧磺隆后易产生药害。

四、苯氧羧酸类除草剂药害症状

该类除草剂为内吸传导、激素型除草剂,其典型的药害症状为玉米植株形态畸形,表现为植株矮化、弯曲或扭转,直径增大,气生根板状、畸形,玉米易倒伏、折断;叶片失绿、变窄,畸形扭曲,叶柄向下弯曲,叶肉减少,叶缘向下折叠或向上弯曲呈杯状。玉米茎叶期用量过大会使叶片卷曲或呈葱管状,茎弯曲易折,茎基部膨大,雄蕊抽出困难。

该类除草剂的代表性品种为 2,4-D 丁酯,该药剂使用不当时不仅对当茬玉米产生药害,因其极易飘移挥发,在使用时还会对其他作物尤其是经济作物带来严重药害,导致较大损失并引发一些社会纠纷。鉴于这点,目前国家已经对该药剂停止登记和使用。但该类药剂的其他品种,如 2,4-D 异辛酯、2,4-D 二甲胺盐、2 甲 4 氯等仍在大量使用,这些药剂依然具有易飘移、挥发的特性,只是与 2,4-D 丁酯相比没有后者严重罢了,因此在使用时一定要在无风天使用,并在施药后将施药器械清洗干净。

五、二硝基苯胺类除草剂药害症状

用于玉米田除草的二硝基苯胺类除草剂主要是二甲戊灵,该药剂用作玉米土壤处理剂时,玉米药害症状主要表现为芽鞘缩短、变粗,叶片扭卷、弯曲、皱缩,颈部弯曲,根系缩短、变畸,植株变矮。受害严重时,根尖显著膨大,呈棒槌状或肿瘤状。该药剂对玉米造成药害多是由于施用不均,用药量过大或者环境条件不良造成的。

六、腈类除草剂药害症状

腈类除草剂为触杀型除草剂,目前生产上主要是溴苯腈、辛酰溴苯腈及碘苯腈 3 种药剂，玉米受害状主要表现为叶片边缘或叶尖迅速产生触杀型灼斑以及局部枯萎。

七、三酮类除草剂药害症状

该类药剂在生产上应用的主要有磺草酮、硝基磺草酮（甲基磺草酮）两种除草剂，它们均为茎叶处理剂，玉米受害状主要表现为幼嫩叶片着药后褪绿白化，或者不太均匀的褪绿变黄，变白并扭曲及局部皱缩褐枯，茎叶缩短，植株矮小。玉米受害原因主要是施药不匀或者用药量过大。

八、联吡啶类除草剂药害症状

因百草枯已经不再生产和销售，目前常用的联吡啶类除草剂只有敌草快一种。玉米受害主要是在该类药剂在进行玉米田行间除草或者防除非耕地杂草时飘移到玉米植株上，受害植株表现为叶片迅速产生水渍状灰绿色浸斑，随后变为灰、黄白色或黄褐色枯斑，有的叶片大部分或全部枯萎下垂，受害严重时植株枯死。

九、有机磷类除草剂药害症状

有机磷类农药在玉米田的使用与百草枯、敌草快在玉米田的使用完全相同，也是在行间进行定向喷雾。其中草甘膦已经在玉米田除草进行了登记，但草铵膦还没有获得登记。由于这两种有机磷类除草剂的作用机理不同，所以在玉米上形成的药害症状也不相同。

草铵膦为触杀型灭生性除草剂，所以该药剂在玉米上的药害症状主要为接触性枯死斑，而且药害反应迅速。玉米受害后恢复也快，一般不影响生长和产量。而草甘膦是一种内吸、传导型灭生性除草剂，药液飘移到玉米叶片上后，先是进行内吸传导，然后才表现出受害症状,显症比较慢。一般表现为植株的下位叶叶鞘开始先向上产生淡绿色云斑,然后再逐渐变灰白色或黄白色而枯萎,严重者叶片发红,植株停止生长,然后植株枯死。

十、异噁唑草酮药害症状

该药剂在玉米田用作土壤处理剂,当用药量过大时,玉米表现为出苗迟缓,受害叶片轻者纵向产生黄白色条纹,重者叶片和叶鞘完全表白,有的叶缘、叶鞘略显淡紫色,叶片变黄、变白后渐从叶尖向下变褐枯干,植株生长停滞或枯死。

十一、唑嘧磺草胺(阔草清)药害症状

该药剂在玉米田用作土壤处理剂,玉米受害时表现为心叶、嫩叶的叶肉褪绿转黄,叶脉颜色不变,遂形成黄绿相间的条纹,叶片缩短,植株矮缩,根系减少并缩短,受害严重时,植株生长停滞。

第四章 东北地区玉米田难防杂草的防控建议/策略

东北农业大学 陶波 韩玉军

众所周知,农田杂草是严重威胁作物生产的一大类生物灾害。为了克服杂草对作物的危害,在过去的 50 多年里,农田化学除草已成为东北地区玉米田杂草防除的主要方式。然而,由于过度依赖和长期使用相对有限的化学除草剂,导致了苘麻、野黍、问荆、刺儿菜、苣荬菜、鸭跖草的防除困难,造成了东北地区玉米产量的下降。

第一节 苘麻

苘麻:锦葵科苘麻属的一年生草本植物。生于较湿润而肥沃的土壤,常生于农田、荒地或路旁。分布在全国各地,主要危害玉米、棉花、豆类、薯类、瓜类、蔬菜、果树等农作物。

防治措施:①75％异噁唑草酮水分散粒剂,每亩建议用量 6.2～12.4 g,播后苗前进行土壤处理。芽前用量高达每公顷 158 g 有效量对作物亦无害,但在盐碱土和粗质土及有机质含量低的土壤应用,玉米田会出现药害,产生白化症状,但易于恢复;甜玉米的不同品种的反应存在差异,有的杂交种比较敏感;异噁唑草酮的半衰期为50～120 d,土壤中的残留量通常不会伤害后茬作物,但低 pH、高有机质含量会促使其残留量加重,从而限制轮作中个别作物的种植,其中以菜豆最为敏感,胡萝卜、黄瓜、甜菜、番茄、豇豆等敏感性中等,洋葱最不敏感。②48%灭草松水剂,每亩建议用量166.7～200 mL,玉米4叶期茎叶处理。尽量在晴天,高温用药,施药后要求8 h内无雨;施药后喷雾器要用水反复清洗干净。③25%砜嘧磺隆干悬浮剂,每亩建议用量1.2～6 g,玉米4叶期茎叶处理。使用砜嘧磺隆7 d内尽量避免使用有机磷类杀虫剂,否则可能会引起玉米田药害。砜嘧磺隆应在玉米4叶期前施药,如超过玉米4叶期,单用或混用均对玉米产生药害,药害症状表现为拔节困难,株高矮小,叶色浅,发黄,新叶卷缩变硬,有发红的现象,随加强玉米肥水管理,10～15 d可恢复正常。甜玉米、爆裂玉米,黏玉米及制种田不宜使用。④10%硝磺草酮悬浮剂,每亩建议用量100～130 mL,玉米4叶期茎叶处理。高温下有药害表现但可恢复;玉米苗后使用硝磺草酮在过量或施药后遇低温可使玉米受害,叶发黄或白色,一般7 d恢复正常生长;注意后茬蔬菜的安全性。⑤20% 2甲4氯钠水剂,建议用量每亩130～162.5 mL玉米3～5叶期茎叶处理。必须在玉米3～5叶期用药,过早或过晚都会对玉米造成药害;双子叶植物对其比较敏感,施药时应尽量避开双子叶植物田,应选择无风的天气施药避免飘移;用药后应彻底清洗施药器械。⑥爱玉优315悬浮剂,建议每亩用量50～60 mL,施用时期为播后玉米、杂草3叶前期。无风日,采用配备细雾滴喷头的背负式喷雾器,进行均匀喷雾处理。玉米、杂草4叶期及以后不推荐使用。

第二节　野黍

野黍:一年生禾本科杂草,喜光、喜水,耐酸碱。生于耕地、田边、撂荒地及居民点、林缘。在东北地区,主要危害大豆、玉米、高粱、小麦、谷子、马铃薯、甜菜等旱田作物。

防治措施:①38%或50%阿特拉津水悬浮剂,建议用量每亩300 mL或250 mL,玉米4叶期茎叶处理。土壤湿润有利于药效,其持效期长,易对后茬作物造成药害,当施药量有效成分200 g时,后茬只能种玉米和高粱,敏感作物如大豆、谷子、水稻、甜菜、油菜、亚麻、小麦、大麦、西瓜、甜瓜、蔬菜均不能种植。②75%异噁唑草酮水分散粒剂,每亩建议用量6.2~12.4 g,播后苗前进行土壤处理。芽前用量高达每公顷158 g有效量对作物亦无害,但在盐碱土和粗质土及有机质含量低的土壤应用,玉米田会出现药害,产生白化症状,但易于恢复;甜玉米的不同品种的反应存在差异,有的杂交种比较敏感;异噁唑草酮的半衰期50~120 d,土壤中的残留量通常不会伤害后茬作物,但低pH、高有机质含量会促使其残留量加重,从而限制轮作中个别作物的种植,其中以菜豆最为敏感,胡萝卜、黄瓜、甜菜、番茄、豇豆等敏感性中等,洋葱最不敏感。③30%苯唑草酮悬浮剂,建议用量每亩5.6~6.72 mL,玉米2~4叶期,杂草2~5叶期茎叶处理。活性高,用量极低。对绝大多数玉米具有良好的选择性,包括常规玉米、甜、糯玉米;能在玉米苗后整个生长时期施用(常规玉米苗后除草剂在玉米2叶期前,6叶期后用药不安全)。作用速度快,施药后2~4 d杂草表现中毒症状。④4%玉米乐油悬浮剂,建议用量66.7~100 mL,玉米4叶期茎叶处理。不同品种玉米对药剂的敏感性有差异,其安全性顺序为马齿型＞硬质型＞爆裂型＞甜型。一般玉米 2 叶期前及 10 叶期以后,对该药敏感。甜玉米或爆裂玉米制种田、自交系对该剂敏感,勿用。⑤25% 砜嘧磺隆干悬浮剂,每亩建议用量 1.2～6 g,玉米 4 叶期茎叶处理。使用砜嘧磺隆 7 d 内尽量避免使用有机磷类杀虫剂,否则可能会引起玉米田药害。砜嘧磺隆应在玉米 4 叶期前施药,如超过玉米 4 叶期,单用或混用均对玉米产生药害,药害症状表现为拔节困难,株高矮小,叶色浅,发黄,新叶卷缩变硬,有发红的现象,随加强玉米肥水管理,10～15 d 可恢复正常。甜玉米、爆裂玉米、黏玉米及制种田不宜使用。⑥爱玉优 315 悬浮剂,建议每亩用量 50～60 mL,施用时期为播后玉米、杂草 3 叶前期。无风日,采用配备细雾滴喷头的背负式喷雾器,进行均匀喷雾处理。玉米、杂草 4 叶期及以后不推荐使用。

第三节　问荆

问荆:木贼科,属中小型蕨类植物。在中国,问津主要分布在东北、华北、西南及河北等北温带和北寒地区,海拔在 600～3 200 m 范围内。常见于河道沟渠旁、疏林、荒野和路边,潮湿的草地、沙土地、耕地、山坡及草甸等处。对气候、土壤有较强的适应性。主要危害马铃薯、玉米、番茄、小麦、大豆等作物。

防治措施:①70% 嗪草酮可湿性粉剂,建议用量每亩 35～50 mL,播后苗前土壤处理。土壤有机质较低时药害较重,应慎用。高剂量下或积水处有药害表现,一般可恢复。②70% 巴佰金水分散粒剂,建议用量每亩 6～11.9 g,播后苗前土壤处理。加入表面活性剂有利于吸收。③72% 2,4-D 丁酯乳油,建议用量每亩 30～50 mL;90% 2,4-D 丁酯乳油,建议用量每亩 24～40 mL;99.9% 2,4-D 丁酯乳油,建议用量每亩 21.6～36 mL,播后苗前土壤处理。应选择无风或风小的天气进行;严格掌握施药时期和使用量。3 叶期前和 6 叶期后禁用,以免发生药害。出土前遇到暴雨可产生淋溶药害。④20% 2 甲 4 氯钠水剂,建议用量每亩 130～162.5 mL,玉米 3～5 叶期茎叶处理。必须在玉米 3～5 叶期用药,过早或过晚都会对玉米造成药害;双子叶植物对其比较敏感,施药时应尽量避开双子叶植物田,应选择无风的天气施药避免飘移;用药后应彻底清洗施药器械。

第四节　刺儿菜

刺儿菜:多年生草本,主要生长在非耕地、耕地及其田埂,为常见杂草,在中国各地普遍分布和危害。在北方主要存在于冬小麦及玉米田、大豆、花生等秋熟作物田。

防治措施:①70% 嗪草酮可湿性粉剂,建议用量每亩 35～50 mL,播后苗前土壤处理。土壤有机质较低时药害较重,应慎用。高剂量下或积水处有药害表现,一般可恢复。②75% 噻吩磺隆干悬浮剂,建议用量每亩 2～3 g;10% 噻吩磺隆可湿性粉剂,建议用量每亩 20 g;15% 噻吩磺隆可湿性粉剂,建议用量每亩 13 g;25% 噻吩磺隆可湿性粉剂,建议用量每亩 8～10 g;75% 噻吩磺隆可湿性粉剂,建议用量每亩 2～3 g,播后苗前土壤处理。土壤湿润有利于药效土壤残留很短,对后茬高度安全;对后期发生杂草基本无效;主要通过抑制杂草生长达到控制杂草的目的。③48% 灭草松水剂,每亩建议用量 166.7～200 mL,玉米 4 叶期茎叶处理。尽量在晴天,高温用药,施药后要求 8 h 内无雨;施药后喷雾器要用水反复清洗干净。④20% 2 甲 4 氯钠水剂,建议用量每亩 130～162.5 mL,玉米 3～5 叶期茎叶处理。必须在玉米 3～

5 叶期用药,过早或过晚都会对玉米造成药害;双子叶植物对其比较敏感,施药时应尽量避开双子叶植物田,应选择无风的天气施药避免飘移;用药后应彻底清洗施药器械。

第五节　苣荬菜

苣荬菜:菊科苦苣菜属的多年生恶性杂草,其适应性极强,耐旱、抗寒、耐盐碱、耐贫瘠,主要分布在我国北方地区,危害大豆、小麦和玉米等旱田作物。

防治措施:①75％噻吩磺隆干悬浮剂,建议用量每亩 2～3 g;10％噻吩磺隆可湿性粉剂,建议用量每亩 20 g;15％噻吩磺隆可湿性粉剂,建议用量每亩 13 g;25％噻吩磺隆可湿性粉剂,建议用量每亩 8～10 g;75％噻吩磺隆可湿性粉剂,建议用量每亩 2～3 g,播后苗前土壤处理。土壤湿润有利于药效,土壤残留很短,对后茬高度安全;对后期发生杂草基本无效;主要通过抑制杂草生长达到控制杂草的目的。②38％或50％阿特拉津水悬浮剂,建议用量每亩 300 mL 或 250 mL,玉米 4 叶期茎叶处理。土壤湿润有利于药效,其持效期长,易对后茬作物造成药害,当施药量有效成分 200 g 时,后茬只能种玉米和高粱,敏感作物如大豆、谷子、水稻、甜菜、油菜、亚麻、小麦、大麦、西瓜、甜瓜、蔬菜均不能种植。③20％ 2 甲 4 氯钠水剂,建议用量每亩 130～162.5 mL,玉米 3～5 叶期茎叶处理。必须在玉米 3～5 叶期用药,过早或过晚都会对玉米造成药害;双子叶植物对其比较敏感,施药时应尽量避开双子叶植物田,应选择无风的天气施药避免飘移;用药后应彻底清洗施药器械。

第六节　鸭跖草

鸭跖草:鸭跖草科鸭跖草属的一年生晚春阔叶杂草。适应性强,在全光照或半阴环境下都能生长。主要危害大豆、小麦、玉米、花生等旱田作物。

防治措施:①48％灭草松水剂,每亩建议用量166.7～200 mL,玉米4叶期茎叶处理。尽量在晴天,高温用药,施药后要求8 h内无雨;施药后喷雾器要用水反复清洗干净。②20％2甲4氯钠水剂,建议用量每亩130～162.5 mL,玉米3～5叶期茎叶处理。必须在玉米3～5叶期用药,过早或过晚都会对玉米造成药害;双子叶植物对其比较敏感,施药时应尽量避开双子叶植物田,应选择无风的天气施药避免飘移;用药后应彻底清洗施药器械。③爱玉优315悬浮剂,建议每亩用量50～60 mL,施用时期为播后玉米、杂草3叶前期。无风日,采用配备细雾滴喷头的背负式喷雾器,进行均匀喷雾处理。玉米、杂草4叶期及以后不推荐使用。

第五章 非转基因抗除草剂玉米在杂草防除中的应用与示范

中国农业大学杂草防控研究室　姜临建　倪汉文

　　为了彻底解决除草剂的安全问题并简化除草操作,早在20世纪80年代,国外就开始培育抗除草剂作物品种。通过与抗莠去津的野油菜进行杂交,加拿大圭尔夫大学(University of Guelph)于1984年推出了第一个非转基因抗除草剂作物品种——抗莠去津油菜。虽然抗莠去津油菜成功地将莠去津引入油菜的除草体系中,但是该抗除草剂品种存在着明显的缺陷:由于叶绿体上的抗除草剂突变使得其光合效率受到了一定程度的影响,与常规品种相比造成了约10%的产量损失。随后,研发没有明显其他不良性状的非转基因抗除草剂品种成为重点。

　　由于乙酰乳酸合成酶(ALS)基因上的许多位点突变能够赋予植物高水平的除草剂抗性且不影响产量等其他重要农艺性状,因此针对ALS除草剂,特别是咪唑啉酮除草剂,多家单位先后在玉米、油菜、小麦、向日葵、水稻、小扁豆等作物上育成了抗除草剂品种。特别是巴斯夫公司在不同作物上开发的抗咪唑啉酮除草剂系列品种取得了巨大的成功,2016全球各种抗咪唑啉酮作物的种植面积高达1 100万 hm^2。

其中非转基因抗除草剂玉米的培育主要通过两种方式:组织培养和化学诱变。通过组织培养的方式筛选抗咪唑啉酮除草剂玉米的工作始于 1982 年,并成功得到了自发突变的抗咪唑啉酮除草剂的玉米材料。利用这一材料作为抗性基因供体,国外公司于 1992 年成功推出了抗咪唑啉酮玉米品种。此外,通过 EMS 化学诱变的方式也成功获得了抗除草剂玉米材料。

目前,抗咪唑啉酮玉米的分子机理均是乙酰乳酸合成酶(ALS)基因上的点突变,主要有两个类型:W574L 和 S653N。其中,W574L 类型能够抵抗所有的 ALS 类除草剂,但是该位点的抗性剂量效应明显,即杂合体与抗性纯合体相比,起抗性水平较低,其杂合体对特定 ALS 除草剂的抗性水平可能无法满足田间应用的要求。而 S653N 类型只能抗咪唑啉酮类除草剂,但优点是该位点的抗性剂量效应不明显,即杂合体表现出与纯合抗性植株类似的抗性水平,其杂合体在田间条件下完全可以满足对咪唑啉酮类除草剂的抗性要求。因此,在育种的实践中,利用 W574L 类型时,比较理想的做法是同时将杂交种的双亲本转育成抗性类型,而利用 S653N 类型,则只需要改造其中的一个亲本。

第一节　非转基因玉米的应用潜力

一、非转基因抗咪唑啉酮玉米对恶性寄生杂草独脚金的有效防控

独脚金是一种根寄生杂草,主要危害玉米、高粱、谷子、甘蔗、旱稻等禾本科作物。由于独脚金在出苗之前早已完成寄生,并对寄主作物造成了严重危害,因此人工除草对其防控效果很差。

独脚金在非洲分布广泛,危害耕地面积 2 000 万～4 000 万 hm^2,

造成了 20%～100% 的作物减产,经济损失高达 10 亿美元。其中非洲的主粮玉米饱受其害,独脚金因此严重威胁着 1 亿最为贫困的非洲人口的口粮安全。

鉴于独脚金对作物的巨大危害,对其防控的研究已经持续半个多世纪,建立了多种农艺、生物、物理、化学的防控技术体系。例如,与豆科作物间种、轮作、深耕、化学除草剂、培育抗性品种等,均可不同程度的防控独脚金。但是,由于种种原因,这些措施没有得到广泛应用。首先,很多措施(例如年复一年的在结种子之前人工拔除)见效慢,需要长期的努力才能收到成效。其次,抗独脚金品种在重度独脚金侵染地块抗性表现不佳。再次,农民缺乏对独脚金生物学的了解,无法有效实施农艺防控措施。最后,众多在贫困线挣扎的非洲农民无法负担喷施设备和除草剂的费用。

为此,国际玉米小麦改良中心(CIMMYT)和以色列合作研发了简便、有效的独脚金防控新方法:抗除草剂玉米种子包衣除草剂。试验表明,在每公顷 30 g 除草剂的包衣剂量,包衣抗除草剂玉米小区中无独脚金危害,其产量是未包衣抗除草剂玉米产量的 3～6 倍。其技术原理是,除草剂随着种子根系延伸而扩散,在根系及根际区域形成了除草剂"药膜",使得在这个区域中萌发的独脚金被除草剂杀死。因此,抗咪唑啉酮玉米为解决非洲粮食安全问题发挥了巨大作用。

二、非转基因抗咪唑啉酮玉米能够彻底解决 ALS 抑制剂类除草剂的药害

由于农民选择除草剂不当、随意加大喷施药量、不宜的喷施时期、施药器具落后等原因,经常造成玉米的药害,导致玉米的减产甚至绝收。其中,ALS 酶抑制剂类除草剂(烟嘧磺隆、砜嘧磺隆等)的药害尤为突出,具体药害表现为心叶褪绿、变黄,玉米生长受到抑制,植株矮

化,造成玉米减产甚至绝收。药害轻的虽然可恢复正常生长,但有可能对玉米成熟期(含水量等)产生负面影响。此外,在玉米幼苗期,玉米通常受到杂草和害虫的危害,由于施用杀虫剂(有机磷杀虫剂、氨基甲酸酯类杀虫剂等)可以增加玉米对烟嘧磺隆的敏感性,农民误将两者混用,或者两者未能间隔 7 d 以上,导致玉米产生严重的药害,这种情况在生产中也时有发生。目前解决除草剂的药害问题的主要方式是通过在除草剂中加入安全剂来提高对作物的安全性。

玉米不同品种对 ALS 酶抑制剂类除草剂具有不同水平的敏感性。以烟嘧磺隆为例,甜玉米最为敏感,糯玉米次之,普通玉米具有一定的耐药性;此外,玉米自交系对烟嘧磺隆的耐药性均较低,更容易出现药害。因此,培育抗 ALS 酶抑制剂类除草剂的玉米品种是克服此类除草剂安全性差的有效途径。

第二节　非转基因抗咪唑啉酮玉米在中国的示范推广

值得指出的是,非转基因抗 ALS 酶抑制剂类除草剂玉米在国外已经大面积种植并取得非常好的效果,但我国目前还未种植抗除草剂玉米。中国农业大学杂草防控课题组,利用国外非转基因抗除草剂资源,通过与郑单 958 的亲本连续回交,然后自交,育成了抗除草剂自交系郑58。利用纯合抗性郑58 作为母本与自交系昌7-2 进行杂草,配制了抗除草剂 958。课题组进一步就其田间抗性表现进行了研究。为此,课题组于 2017 年在中国农业大学上庄试验站,开展了茎叶喷施不同除草剂对郑单 958 和抗除草剂 958 的田间评估。结果表明,非转基因抗除草剂 958 对不同 ALS 酶抑制剂除草剂均表现出了很高的抗性,为非转基因抗除草剂玉米在中国的推广应用提供了基础。

一、抗除草剂 958 对咪唑啉酮类除草剂具有良好的田间抗性表现

在玉米 2 叶 1 芯期,对郑单 958 和抗除草剂 958 喷施了 1 倍(7.2 g 有效成分/亩)、3 倍和 9 倍推荐剂量的甲咪唑烟酸。如图 5-1 所示,处理 2 周后,郑单 958 在 1 倍推荐剂量下表现出了明显的药害,3 倍推荐剂量处理下新叶已经被杀死,9 倍推荐剂量处理下整株完全死亡。而抗除草剂 958 在 3 个不同处理下,均表现出了明显的田间抗性。

甲咪唑烟酸 7.2 g 有效成分/亩　　甲咪唑烟酸 21.6 g 有效成分/亩　　甲咪唑烟酸 64.8 g 有效成分/亩

　郑单958　　抗除草剂958　　　郑单958　　抗除草剂958　　　郑单958　　抗除草剂958

图 5-1　抗除草剂 958 对甲咪唑烟酸的田间抗性反应

二、抗除草剂 958 对磺酰脲类除草剂具有良好的田间抗性表现

如图 5-2 所示,郑单 958 在烟嘧磺隆 1 倍剂量(4 g 有效成分/亩)处理时的药害很不明显,在 3 倍剂量下其药害有所加重,在 9 倍剂量处理下,整株被完全杀死,而抗除草剂 958 在各个剂量处理下均表现出了很好的田间抗性。抗除草剂 958 对砜嘧磺隆和甲基二磺隆的抗性表现与对烟嘧磺隆的抗性反应基本一致。这一结果表明,抗除草剂 958 有望对所有以 ALS 为靶点的磺酰脲类除草剂均具有很好的抗性表现。

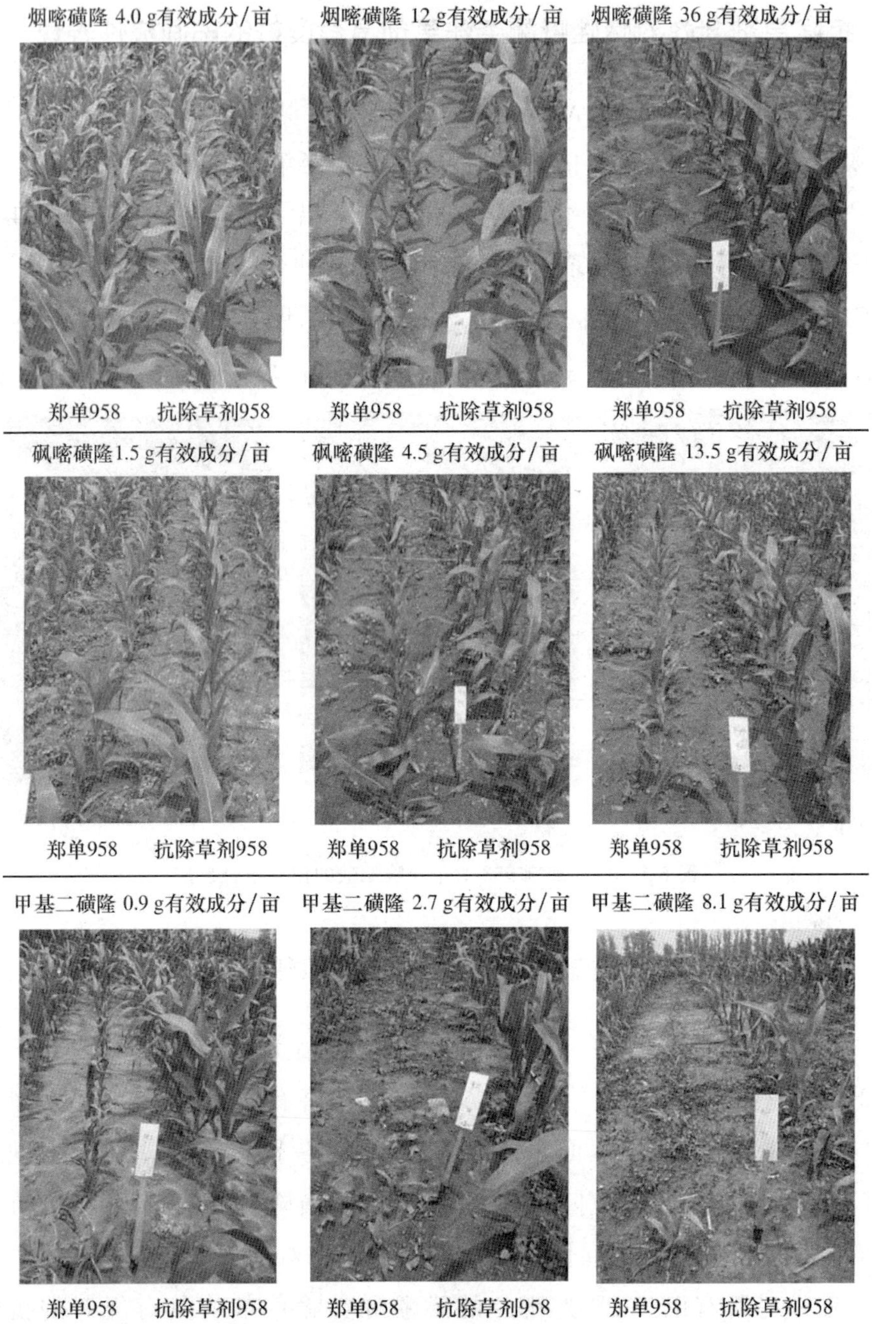

烟嘧磺隆 4.0 g有效成分/亩   烟嘧磺隆 12 g有效成分/亩   烟嘧磺隆 36 g有效成分/亩

郑单958   抗除草剂958   郑单958   抗除草剂958   郑单958   抗除草剂958

砜嘧磺隆1.5 g有效成分/亩   砜嘧磺隆 4.5 g有效成分/亩   砜嘧磺隆 13.5 g有效成分/亩

郑单958   抗除草剂958   郑单958   抗除草剂958   郑单958   抗除草剂958

甲基二磺隆 0.9 g有效成分/亩   甲基二磺隆 2.7 g有效成分/亩   甲基二磺隆 8.1 g有效成分/亩

郑单958   抗除草剂958   郑单958   抗除草剂958   郑单958   抗除草剂958

图 5-2　抗除草剂 958 对 3 种磺酰脲类除草剂(烟嘧
磺隆、砜嘧磺隆、甲基二磺隆)的田间抗性反应

三、抗除草剂 958 对三唑啉酮类除草剂具有良好的田间抗性表现

如图 5-3 所示,郑单 958 在氟唑磺隆 1 倍推荐剂量(2.8 g 有效成分/亩)处理下即表现出严重的药害,在 3 倍和 9 倍剂量处理下整株死亡。而抗除草剂 958 在各个剂量处理下均具有了良好的抗性表现。氟唑磺隆是以 ALS 为靶点的三唑啉酮类除草剂,抗除草剂 958 对其的高水平抗性意味着其对以 ALS 为靶点的其他三唑啉酮类除草剂也会具有很好的抗性表型。

氟唑磺隆2.8 g有效成分/亩　　　氟唑磺隆 2.8 g有效成分/亩　　　氟唑磺隆 25.2 g有效成分/亩

郑单958　　抗除草剂958　　　　郑单958　　抗除草剂958　　　　郑单958　　抗除草剂958

图 5-3　抗除草剂 958 对氟唑磺隆的田间抗性反应

四、抗除草剂 958 对三唑嘧啶类除草剂具有良好的田间抗性表现

如图 5-4 所示,郑单 958 在五氟磺草胺 1 倍推荐剂量(2.0 g 有效成分/亩)处理下即表现出了严重药害,在 9 倍推荐剂量处理下整株死亡;在啶磺草胺的处理下,郑单 958 也有类似的严重药害反应。而抗除草剂 958 在两种除草剂的各个处理剂量下均具有良好的抗性表现。啶磺草胺和五氟磺草胺是三唑嘧啶类除草剂,这一结果表明,抗除草剂 958 有望对其他以 ALS 为靶点的三唑嘧啶类除草剂具有良好的抗性水平。

五氟磺草胺 2.0 g 有效成分/亩　　五氟磺草胺 6.0 g 有效成分/亩　　五氟磺草胺 18.0 g 有效成分/亩

郑单958　　抗除草剂958　　　郑单958　　抗除草剂958　　　郑单958　　抗除草剂958

啶磺草胺 0.9 g 有效成分/亩　　啶磺草胺 2.7 g 有效成分/亩　　啶磺草胺 8.1 g 有效成分/亩

郑单958　　抗除草剂958　　　郑单958　　抗除草剂958　　　郑单958　　抗除草剂958

图 5-4　抗除草剂 958 对三唑嘧啶类除草剂(五氟磺草胺、啶磺草胺)的田间抗性反应

五、抗除草剂 958 对嘧啶水杨酸类除草剂具有良好的田间抗性表现

如图 5-5 所示,郑单 958 在双草醚 1 倍推荐剂量(6.0 g 有效成分/亩)处理下即表现出严重药害,9 倍推荐剂量处理下整株完全死亡。抗除草剂 958 在 1 倍和 3 倍推荐剂量下具有良好的抗性表现,在 9 倍推荐剂量处理下表现出了明显的药害。总体而言,抗除草剂 958 对双草醚表现出了明显的田间抗性表型。这表明,抗除草剂 958 对以 ALS 为靶点的嘧啶水杨酸类除草剂也具有良好的抗性表现。

双草醚6.0 g有效成分/亩　　　　双草醚18.0 g有效成分/亩　　　　双草醚54.0 g有效成分/亩

郑单958　　　抗除草剂958　　　　郑单958　　　抗除草剂958　　　　郑单958　　　抗除草剂958

图 5-5　抗除草剂 958 对双草醚的田间抗性反应

六、抗除草剂 958 对 ALS 除草剂具有普遍抗性

以上田间试验表明,中国农业大学杂草防控课题组培育的非转基因抗除草剂玉米 958 对所测试 8 种不同种类的 ALS 除草剂,包括 1 种咪唑啉酮类除草剂,3 种磺酰脲类除草剂,2 种三唑嘧啶类,1 种嘧啶水杨酸类除草剂和 1 种三唑啉酮类除草剂,均表现出了很高的抗性水平。这一结果表明,抗除草剂 958 不仅可以解决现有玉米田 ALS 除草剂的药害问题,还可能为解决玉米田恶性杂草提供新的解决方案,即将对特定恶性杂草具有突出防效的 ALS 除草剂引入玉米田杂草防除技术体系中来进行有效防除。

当然将新的 ALS 除草剂引入抗除草剂 958 的除草体系中来应该综合考虑。首先,所选用的除草剂玉米与现有玉米田 ALS 除草剂相比要有特点,或是对某种特定的恶性杂草防效突出,或是价格便宜等。其次,该除草剂要能够与现有玉米田除草剂很好"兼容",要么在杀草谱上互补兼容,要么能够在药剂混用上兼容。再次,该除草剂的后茬残效期要尽可能地短,以防止接茬的敏感作物发生药害。因此,要针对不同地区具体的草害问题和具体耕作模式来开发不同的与抗除草剂品种匹配的除草剂。

　　值得指出的是,抗除草剂 958 仅仅具有一个拷贝的抗除草剂基因,因此,一个拷贝的抗除草剂基因即可赋予杂交种对多数 ALS 除草剂显著的田间抗性。这为该抗除草剂性状在玉米育种的广泛应用提供了巨大的便利。但是,在双草醚、甲咪唑烟酸等除草剂的高剂量处理下,出现了明显的药害,因此较为理想的做法是将杂交种的双亲均改良成纯合的抗除草剂亲本,纯合的抗除草剂杂交种有望进一步提高对 ALS 除草剂的抗性水平,为 ALS 除草剂在抗除草剂玉米田中的应用提供更高的灵活性。

　　针对郑单 958、先玉 335 等优秀杂交玉米亲本的抗除草剂性状的转育工作正在稳步推进,近期将对纯合抗除草剂 958 进行进一步的田间抗性评估,为玉米田杂草的解决提供新的技术方案。

第三节　基因编辑:培育抗除草剂品种的利器

　　最近兴起的基因编辑技术,尤其是 CRISPR/Cas9 技术,具有高效、廉价、简单、通用等特点,引发了作物育种领域的革命。由于许多单碱基突变即可赋予作物高水平的抗除草剂性状,因此利用 CRISPR/Cas9 技术在作物内源基因上引入抗除草剂点突变来创制抗除草剂种质成为研究热点。

　　近年来,杜邦公司成功创制了抗磺酰脲除草剂的玉米,美国 Cibus 公司成功创制了抗草甘膦的亚麻,中国农业科学院创制了抗咪唑啉酮水稻,中国科学院遗传与发育生物学研究所创制了抗草甘膦水稻等。这些成功的案例都是通过将含有抗除草剂突变的 DNA 模板通过修复 Cas9 产生的 DNA 双链断裂的方式整合到植物的基因组中。但是,DNA 模板整合到目标区域的效率极低,这成为通过这一技术培育抗除草剂作物的重大障碍。

2016 年,Komor 等开发了不需要 DNA 模板而直接改写碱基序列的单碱基编辑技术。其技术原理是,将胞嘧啶脱氨酶和糖苷酶抑制剂分别融合到 Cas9n(D10A)的 N 端和 C 端,Cas9n 在 sgRNA 的引导下与靶标序列结合,释放出互补链的胞嘧啶碱基(C),作为融合在 Cas9n 上的胞嘧啶脱氨酶的底物,被变成尿嘧啶(U)。与此同时,Cas9n 在 sgRNA 互补链上切开单链,造成缺口,使得随后的 DNA 修复过程更多地以互补链为修复模板,从而将 U-G 碱基对改变为 U-A 碱基对。U-A 碱基对随后被修复成 T-A 碱基对,从而最终实现了 C 到 T 的单碱基替换。

中国农业大学杂草防控课题组率先将该单碱基编辑技术用于创制抗除草剂性状,并成功创制了非转基因抗磺酰脲除草剂的拟南芥,为在作物上创制抗除草剂性状提供了新的技术工具。值得指出的是,基因编辑抗除草剂作物不含有转基因成分,所获得抗除草剂种质可以通过传统诱变的方法获得,因此在许多国家都被认定为非转基因作物。例如,第一个基因编辑作物(抗除草剂油菜),被美国监管部门认定为非转基因作物,已经于 2015 年在美国推广种植。此外,基因编辑的糯玉米、蘑菇等作物也被美国监管部门认定为非转基因产品。因此,通过基因编辑技术创制出的包括玉米在内的抗除草剂作物,有望迅速进入生产,为我国农田杂草防除带来新的有效工具。

参 考 文 献

[1] Chen Y, Wang Z, Ni H, et al. 2017. CRISPR/Cas9-mediated base-editing system efficiently generates gain-of-function mutations in *Arabidopsis*. Science China Life Sciences, 60(5): 520-523.

[2] Hall M R, Swanton C J. 1992. The critical period of weed control in grain corn (*Zea mays*). Weed Science, 40(3): 441-447.

[3] Hess G T, Frésard L, Han K, et al. 2016. Directed evolution using dCas9-targeted somatic hypermutation in mammalian cells. Nat Methods, 13: 1036-1042.

[4] ISAAA. 2016. Global status of commercialized biotech/gm crops: 2016. ISAAA Brief No. 52, ISAAA: Ithaca, NY.

[5] Kanampiu F, Omanya G, Muchiri N, et al. 2005. Launch of STRIGAWAY® (IR-maize) technology for *Striga* control in Africa. Proceedings of the Launch of the STRIGAWAY® (IR-maize) Technology, 5-7.

[6] Komor A C, Kim YB, Packer MS, et al. 2016. Programmable editing of a target base in genomic DNA without double-stranded DNA cleavage. Nature, 533: 420-424.

[7] Li J, Meng X, Zong Y, et al. 2016. Gene replacements and insertions in rice by intron targeting using CRISPR-Cas9. Nature Plants, 2(10):16139.

[8] Ma Y, Zhang J, Yin W, et al. 2016. Targeted AID-mediated mutagenesis (TAM) enables efficient genomic diversification in mammalian cells. Nat Methods 13:1029-1035.

[9] Nishida K, Arazoe T, Yachie N, et al. 2016. Targeted nucleotide editing using hybrid prokaryotic and vertebrate adaptive immune systems. Science, 353: aaf8729.

[10] O'Sullivan J, Bouw W J. 1998. Sensitivity of processing sweet corn (*Zea mays*) cultivars to nicosulfuron/rimsulfuron. Canadian Journal of Plant Science, 78(1): 151-154.

[11] Ritter R L, Menbere H. 2001. Preemergence and postemergence control of triazine-resistant common lambsquarters (*Chenopodium album*) in no-till corn (*Zea mays*). Weed Technology, 15(4):879-884.

[12] Sauer N J, Narváez-Vásquez J, Mozoruk J, et al. 2016. Oligonucleotide-mediated genome editing provides precision and function to engineered nucleases and antibiotics in plants. Plant Physiology, 170(4):1917.

[13] Stall WM, Bewick TA. 1992. Sweet corn cultivars respond differentially to the herbicide nicosulfuron. Hortscience, 27(2): 131-133.

[14] Sun Y, Xin Z, Wu C, et al. 2016. Engineering herbicide-resistant rice plants through CRISPR/Cas9-mediated homologous recombination of acetolactate synthase. Molecular Plant, 9(4): 628-631.

[15] Svitashev S, Young J K, Schwartz C, et al. 2015. Targeted mutagenesis, precise gene editing, and site-specific gene insertion in maize using cas9 and Guide RNA. Plant Physiology, 169

(2):931-945.

[16] Tan S, Evans R R, Dahmer M L, et al. 2005. Imidazolinone-tolerant crops: history, current status and future. Pest Management Science, 61(3): 246-257.

[17] Yu Q, Powles S B. 2014. Resistance to AHAS inhibitor herbicides: current understanding. Pest Management Science, 70(9):1340-50.

[18] Zuver K A, Bernards M L, Kells J J, et al. 2006. Evaluation of postemergence weed control strategies in herbicide-resistant isolines of corn (*Zea mays*). Weed Technology, 20(1): 172-178.

[19] 黄春艳,郭玉莲,王宇,黄元炬,朴德万,苏保华,徐充. 不同耕作模式对玉米田土壤杂草种子库的影响[J]. 安徽农业科学,2016,44(32): 37-42.

[20] 黄春艳,王宇,黄元炬,朴德万,梁帝允. 不同杂草群落危害对春玉米产量损失的影响[J]. 黑龙江农业科学,2012,(10):49-53.

[201] 康岭生,王广祥,张伟,宋淑云. 吉林省玉米、大豆田化学除草的现状与发展对策[J]. 吉林农业大学学报,2004,(04): 455-457+461.

[22] 李扬汉. 中国杂草志[M]. 北京:中国农业出版社,1998.

[23] 林琳,姜林林,孙备,李建东,刘芳. 不同肥力和密度下玉米田杂草群落的研究[J]. 玉米科学,2008,(03): 150-153.

[24] 林琳,赵长山. 黑河市玉米田杂草调查及除草剂使用技术[J]. 现代农业科技,2010,(16): 191+197.

[25] 刘方明,梁文举,闻大中. 耕作方法和除草剂对玉米田杂草群落的影响[J]. 应用生态学报,2005,(10): 1879-1882.

[26] 刘亚光,李柏树,赵滨. 哈尔滨地区田间禾本科杂草生物学特性及群落结构的调查[J]. 东北农业大学学报,2004,(01): 1-5.

[27] 吕跃星,王权,薛争,廖宇飞,韩宇姝,翟军. 吉林省中部地区玉米田杂草种类及其优势种群调查报告[J]. 玉米科学,2003,(01):88-89.

[28] 潘思杨. 黑龙江省玉米田主要杂草调查及对除草剂敏感性的研究[D]. 东北农业大学,2015.

[29] 强胜. 杂草学[M]. 北京:中国农业出版社,2001.

[30] 沙洪林,岳玉兰,杨健,申延国,何亚莱. 吉林省玉米田杂草发生与危害现状的研究[J]. 吉林农业科学,2009,34(02):36-39+58.

[31] 尚海庆,綦彩旭. 吉林地区旱田杂草种类调查及研究[J]. 作物杂志,2008,(02):75-77.

[32] 苏少泉,宋顺祖. 中国农田杂草化学防治[M]. 北京:中国农业出版社,1996.

[33] 孙会杰. 辽宁省玉米田杂草群落调查及反枝苋对莠去津抗性研究[D]. 沈阳农业大学,2007.

[34] 陶波,张洪岩,张庆贺,等. 2010. 非转基因抗除草剂作物研究现状与展望. 植物保护学报,37(3):277-282.

[35] 王健,钟雪梅,吕香玲,等. 2016. 不同品种玉米对烟嘧磺隆的耐药性研究进展. 农药学学报,18(3):282-290.

[36] 王险峰,范志伟,胡荣娟,等. 2009. 除草剂药害新进展与解决方法. 农药,48(5):384-388.

[37] 王险峰,刘友香. 水稻、大豆、玉米田杂草发生与群落演替及除草剂市场分析[J]. 现代化农业,2014,(11):1-3.

[38] 王枝荣. 中国农田杂草原色图谱[M]. 北京:中国农业出版社,1996.

[39] 许艳丽,李春杰,李兆林. 玉米连作、迎茬和轮作对田间杂草群落的影响[J]. 生态学杂志,2004,(04):37-40.

[40] 张子丰，高士才. 2012. 阔草清防除玉米田苘麻示范试验. 现代化农业，(2)：4.

[41] 赵长山，何付丽，闫春秀. 黑龙江省化学除草现状及存在问题[J]. 东北农业大学学报，2008，(08)：136-139.

[42] 周振龙. 2009. 玉米田除草剂药害发生原因及防治措施. 农业科技与装备，(5)：17-18.

附 录

东北地区玉米田杂草防控技术总结

杂草治理的总原则

综合利用各种杂草防控手段,包括农艺、物理、化学、生物等方式,实现杂草治理的经济性和可持续性。

非化学除草手段

首先是预防。清理农具上携带的杂草种子,购买不含杂草种子的作物种子,慎用来源不明、可能携带大量杂草种子的有机肥等都是预防引入新的恶性杂草的有效手段。

其次是农艺、物理、生物等除草方式。合理轮作,尤其是单子叶作物(如玉米)与双子叶作物(如大豆)能够引入不同杀草机理的除草剂,可有效抑制抗除草剂杂草的出现;机械翻耕、覆盖等手段能够有效防除许多化学除草剂难以防除的杂草。

虽然化学除草在目前的杂草防控体系中处于支配地位,但是综合利用非化学除草手段,不仅是实现经济有效除草的需要,也符合现阶段国家对农药减量施用的倡导和大众对提升生态环境、食品安全的诉求。

化学除草手段

化学除草剂由于其除草的经济性和高效性,已经被广大农民普遍应用;现阶段,大田作物已经进入了"化学除草"时代。化学除草有两个目标:一是有效除草;二是作物安全。

化学除草剂的施用要点

(1)合理的除草剂种类:根据草相构成、土壤类型、作物种类等因素科学的选择除草剂。

(2)正确的喷施剂量。

(3)恰当的喷施时期,对作物安全,对杂草高效。

(4)合适喷施条件:土壤墒情合适,作物及杂草不处于干旱、涝渍、高温等逆境条件。

(5)合格的喷药器械,保证不重喷漏喷。

(6)选择合适的抗除草剂作物品种,克服所抗除草剂的药害风险。

东北玉米田主要杂草种类

东北玉米田中有多种杂草,主要的禾本科杂草有稗草、马唐、狗尾草等,近几年野黍的发生面积快速发展,成为东北玉米田中重要的难防除单子叶杂草。主要的阔叶杂草除了传统的"三菜"——苣荬菜、刺儿菜、兰花菜(鸭跖草),还有藜、反枝苋、铁苋菜、蓼、龙葵、苘麻、打碗花等。由于土壤处理除草剂除对苘麻、铁苋菜等的防效较差,苘麻、铁苋菜的发生日益普遍,成为玉米田中重要的难防除阔叶杂草。此外,木贼科的问荆也有发生。

玉米田主要除草剂的种类及特点

玉米田的除草剂按照喷施时间和处理方式可分为两大类,一是播后苗前喷施的土壤处理除草剂,二是苗后喷施的茎叶处理除草剂(附表 1 至附表 3)。

附表 1　玉米田主要土壤处理除草剂的种类及特点*

除草剂	作物安全性	除草说明
莠去津	很安全	主要防除阔叶杂草和部分单子叶杂草,对小粒种子的杂草防效好
乙草胺(精异丙甲草胺、甲草胺、丁草胺等)+安全剂	很安全	主要防除单子叶杂草和部分阔叶杂草,对小粒种子的杂草防效好。与莠去津的杀草谱互补性强,二者混用是东北玉米田土壤处理的主要方式
二甲戊灵	较安全	防除禾本科杂草和部分阔叶杂草
砜嘧磺隆	较安全,种子包衣剂中如含有杀虫剂(特别是有机磷类)包衣,有加重药害的风险	防除禾本科杂草和部分小粒种子阔叶杂草
唑嘧磺草胺	较安全,种子包衣剂中如含有杀虫剂(特别是有机磷类)包衣,有加重药害的风险	防除大部分阔叶杂草,尤其是对苘麻防效好
异噁唑草酮	较安全	拜耳新开发的除草剂"爱玉优"中的有效成分之一,能够防除大部分一年生杂草,持效期长
咪唑乙烟酸(咪唑烟酸、甲咪唑烟酸等)	只能用于抗除草剂玉米	接近灭生性除草剂,能够防除绝大部分单子叶和双子叶杂草,持效期长

* 主要参考国外除草剂的产品说明书。

附表 2　玉米田主要茎叶处理除草剂的种类及特点*

除草剂	作物安全性	除草说明
莠去津	很安全	主要防除阔叶杂草和部分单子叶杂草。对小粒种子的杂草防效好
硝磺草酮	较安全	有效防除低叶龄的阔叶和单子叶杂草,尤其是对苘麻防效好。对马齿苋无效;对叶龄稍大,特别是进入分蘖期的禾本科杂草,防效较差

续附表 2

除草剂	作物安全性	除草说明
二甲四氯 麦草畏 氯氟吡氧乙酸 二氯吡啶酸	较安全	内吸型除草剂。防除阔叶杂草,对难防除的打碗花、刺儿菜、问荆等有特效
苯唑草酮	很安全,可在玉米中后期施用	有效防除低叶龄的阔叶和单子叶杂草。对叶龄稍大,特别是进入分蘖期的禾本科杂草,防效较差。对香附子效果较差
烟嘧磺隆/砜嘧磺隆	较安全,与杀虫剂(特别是有机磷类)混用加重药害	内吸型除草剂,防除禾本科杂草和部分小粒种子阔叶杂草。烟嘧磺隆是目前防除玉米田中禾本科杂草的主导除草剂,但对野黍和马唐的防效较差
苯达松	较安全,与烟嘧混用加重药害	触杀型除草剂,防除部分阔叶杂草,对莎草效果好
氯吡嘧磺隆	很安全	内吸型除草剂。防除部分阔叶杂草,对莎草特效
唑草酮	很安全	触杀型除草剂,防除大部分阔叶杂草
异噁唑草酮	较安全	苗后早期施用,能够防除大部分一年生杂草

＊ 主要参考国外除草剂的产品说明书。

附表 3　玉米田主要除草剂的杀草谱＊

除草剂	稗草	马唐	狗尾草	野黍	藜	反枝苋	龙葵	苘麻	莎草
莠去津	中	差	中	差	优	优	优	中	中
乙草胺(甲草胺、丁草胺、异丙甲草胺等)	优	优	优	中/优	中	中/优	中/优	差	中
二甲戊灵	优	中	优	优	中/优	优	差	中	差
唑嘧磺草胺	差	差	差	差	优	优	优	优	差
硝磺草酮	差	差/中	差	差	优	优	优	优	差
苯唑草酮	中/优	中/优	中	中	优	优	优	优	差

续附表 3

除草剂	稗草	马唐	狗尾草	野黍	藜	反枝苋	龙葵	苘麻	莎草
烟嘧磺隆	优	中	优	优	中	优	差	差	差
砜嘧磺隆	优	中	优	中	优	优	差	差	差
氯吡嘧磺隆	差	差	差	差	优	优	差	中	优
唑草酮	差	差	差	差	优	优	优	优	差
二甲四氯 麦草畏 氯氟吡氧乙酸 二氯吡啶酸	差	差	差	差	中	优	优	优	差/中
苯达松	差	差	差	差	中	差	差	优	优
异噁唑草酮	优	优	优	中/优	优	优	优	优	中
咪唑乙烟酸 （咪唑烟酸、 甲咪唑烟酸 等）	优	优	优	优	优	优	优	优	中

　＊　主要参考国外除草剂的产品说明书。

　＊＊　只能用于抗除草剂玉米品种。

"抗除草剂玉米＋化学除草剂"的除草新模式

　　为了更有效地实现作物安全的目标，抗除草剂作物已经在国外大面积种植，2015 年度全球的种植面积超过 20 亿亩，超过了中国耕地的总面积，因此全面进入到"化学除草剂＋抗除草剂作物"的除草时代。

　　在玉米上实现抗除草剂性状有两种方式：转基因手段和传统育种手段。转基因抗除草剂玉米，由于其转基因的身份，在中国目前尚无法推广；而非转基因抗除草剂玉米，在中国推广没有障碍。中国农业大学杂草研究室正在积极转育和培育非转基因抗除草剂玉米，为解决玉米田杂草问题提供新的解决方案。

附表 4　抗除草剂玉米主要类型

所抗除草剂	培育方式	除草特点
草甘膦	转基因	能够防除玉米田中主要阔叶杂草和单子叶杂草。由于长期使用,长茅苋、飞蓬、牛筋草等已经产生抗性。另外,草甘膦对打碗花、龙葵、鸭跖草、莎草等的防效一般
草铵膦	转基因	能够防除玉米田中主要阔叶杂草和单子叶杂草。由于草铵膦是触杀型除草剂,对多年生杂草的防效一般,另外对莎草的防效较差
2,4-D/高效吡氟甲禾灵	转基因	转的单个基因带来了对 2,4-D 和高效吡氟甲禾灵两种除草剂的抗性。二者复配,既能防除阔叶杂草,也能防除禾本科杂草,即将在北美上市推广
烯禾啶等	非转基因	可有效防除单子叶杂草
咪唑乙烟酸等	非转基因	对其他乙酰乳酸合成酶抑制剂也有交互抗性,可有效防除玉米田中大多数禾本科杂草和阔叶杂草。长期使用容易产生抗性杂草

除草剂分类、化学结构及中英文名称对照表